深度学习系列

[PACKT]
PUBLISHING

Deep Learning with Theano: Build the artificial brain of the future, today

# 基于Theano的深度学习

## 构建未来与当前的人工大脑

[法]克里斯托弗·布雷斯（Christopher Bourez） 著

连晓峰 等译

机械工业出版社
CHINA MACHINE PRESS

本书主要介绍了深度学习的基本概念和常用网络以及Theano在深度学习中的应用。全书共13章，首先介绍了Theano的基础知识，包括张量、计算图、符号计算、张量算子、自动微分等概念，然后分别介绍了基于前馈神经网络的手写体数字分类、单词的向量编码、基于递归神经网络的文本生成、基于双向LSTM的情感分析、基于空间变换网络的定位、基于残差网络的图像分类、基于编码—解码网络的翻译与解释、基于注意力机制的相关输入或记忆选择、基于先进递归神经网络的时间序列预测、强化环境学习和基于非监督式网络的特征学习等内容，最后介绍了Theano在深度学习中的扩展可能性。

本书可作为从事机器学习、深度学习、人工智能等领域的工程技术人员的参考书，也可供高等院校相关专业本科生、研究生以及教师学习参考。



**图书在版编目（CIP）数据**

基于 Theano 的深度学习：构建未来与当前的人工大脑 /（法）克里斯托弗·布雷斯（Christopher Bourez）著；连晓峰等译 . —北京：机械工业出版社，2018.2

书名原文：Deep Learning with Theano: Build the artificial brain of the future, today

ISBN 978-7-111-58878-8

Ⅰ . ①基…　Ⅱ . ①克… ②连…　Ⅲ . ①人工智能 ②机器学习　Ⅳ . ① TP18

中国版本图书馆 CIP 数据核字（2018）第 002825 号

机械工业出版社（北京市百万庄大街 22 号　邮政编码 100037）
策划编辑：顾　谦　　责任编辑：顾　谦
责任校对：王明欣　　责任印制：孙　炜
北京中兴印刷有限公司印刷
2018 年 4 月第 1 版第 1 次印刷
184mm × 240mm ・13.75 印张・291 千字
0 001—4 100 册
标准书号：ISBN 978-7-111-58878-8
定价：69.00 元

凡购本书，如有缺页、倒页、脱页，由本社发行部调换

| 电话服务 | 网络服务 |
|---|---|
| 服务咨询热线：010-88361066 | 机 工 官 网：www.cmpbook.com |
| 读者购书热线：010-68326294 | 机 工 官 博：weibo.com/cmp1952 |
| 010-88379203 | 金 书 网：www.golden-book.com |
| **封面无防伪标均为盗版** | 教育服务网：www.cmpedu.com |

# 译者序

机器学习是一门专门研究计算机怎样模拟或实现人类的学习行为，以获取新的知识或技能，重新组织已有的知识结构使之不断改善自身的性能的学科。深度学习是目前机器学习领域的研究热点之一。深度学习的概念源于人工神经网络的研究，是通过组合低层特征形成更加抽象的高层表示属性类别或特征，以发现数据的分布式特征表示。

自从 Hinton 等人于 2006 年首次提出深度学习概念以来，目前已提出多种深度学习框架和算法。深度学习实质上是机器学习中一种基于对数据进行表征学习的方法，目的是建立并模拟人脑进行分析学习的神经网络来解释数据，例如图像、声音和文本。可利用非监督式或半监督式的特征学习和分层特征提取高效算法来替代手工获取特征。

本书主要介绍了深度学习的基本概念和常用网络以及 Theano 在深度学习中的应用。全书共 13 章，首先介绍了 Theano 的基础知识，包括张量、计算图、符号计算、张量算子、自动微分等概念，然后分别介绍了基于前馈神经网络的手写体数字分类、单词的向量编码、基于递归神经网络的文本生成、基于双向 LSTM 的情感分析、基于空间变换网络的定位、基于残差网络的图像分类、基于编码—解码网络的翻译与解释、基于注意力机制的相关输入或记忆选择、基于先进递归神经网络的时间序列预测、强化环境学习和基于非监督式网络的特征学习等内容，最后介绍了 Theano 在深度学习中的扩展可能性。全书内容丰富，并结合实际案例进行分析与实践，深入浅出，重点突出。

作者长期从事深度学习相关研究工作，并长期撰写与深度学习相关的教程，在 Theano 及其应用方面积累了丰富的实践经验。

本书主要由连晓峰翻译，韩忠明校正统稿，其中，贾涵、潘兵、叶璐、王炎、申震云、郭朝晖、于健、曲东阳、韩孝军、马慧茹、贾琦、李东红、彭森等人也参与了部分内容的翻译和整理。

需说明的是，书中向量、矢量、张量、矩阵为与原书形式一致，并未改为标准的黑斜体，请读者注意。

由于译者的水平有限，书中不当或错误之处恳请各位业内专家学者和广大读者不吝赐教。

译　者

# 原书前言

通过神经网络架构设计的见解和实践可解决人工智能问题，理解深度学习中最先进网络的相关概念。利用 Python 实现的 Theano 技术能够很容易地计算导数并最小化所选择的目标函数。

## 本书主要内容

第 1 章　Theano 基础，帮助读者学习了解 Theano 的主要概念，编写可在不同硬件架构上编译的代码，并自动优化复杂的数学目标函数。

第 2 章　基于前馈神经网络的手写体数字分类，主要介绍一个已证明深度学习算法优越性的简单常见示例。最初问题是识别手写体数字。

第 3 章　单词的向量编码，神经网络的主要难点之一是将真实世界的数据连接到神经网络的输入端，特别是分类和离散数据。本章将介绍一个如何利用 Theano 通过训练来构建嵌入空间的示例。

这种嵌入方式在机器翻译、机器人、图像字幕等方面非常有用，因为可以将真实世界的数据转换成可由神经网络处理的向量数组。

第 4 章　基于递归神经网络的文本生成，通过一个简单的示例实践介绍了神经网络的递归，以生成文本。

递归神经网络（RNN）是深度学习中的一个研究热点，能够实现序列预测、序列生成、机器翻译和对象关联等任务。自然语言处理（NLP）是推动机器学习新技术发展的第二个热门研究领域。

第 5 章　基于双向 LSTM 的情感分析，将嵌入技术和递归层应用于自然语言处理的一个新课题，即情感分析。本章实际上是对前几章内容的一种验证。

以此同时，还介绍了基于 Theano 构建神经网络的另一种方法，即采用一种更高级的库—— Keras。

第 6 章　基于空间变换网络的定位，将递归技术应用于图像，从而一次读取图像页面上的多个数字。在此，利用用于 Theano 深度学习的内置模块库——Lasagne 来重新构建手写体数字图像的分类网络及其递归模型。

Lasagne 库有助于设计神经网络进行更快实验。在此情况下，将通过空间变换模块来提高分类质量，从而解决计算机视觉中的一个常见难题——对象定位问题。

第 7 章　基于残差网络的图像分类，以最佳精度对任何类型的图像进行分类。同时，为了更容易地构建更复杂网络，本章将通过一个已具有许多实现组件的基于 Theano 框架的 Lasagne 库来更快地实现 Theano 下的神经网络。

第 8 章　基于编码—解码网络的翻译与解释，介绍了应用于文本处理的编码—解码技术，这些技术已大量应用于机器翻译和简单聊天机器人系统中。同时还可应用于图像处理，主要是实现场景分割和对象定位。最后，图像字幕技术是一种图像编码和文本解码相结合的混合技术。

本章进一步应用了非常流行的高级库 Keras，由此极大简化了 Theano 下神经网络的开发。

第 9 章　基于注意力机制的相关输入或记忆选择，为解决更复杂的任务，机器学习界研究人员一直在寻找一种受自然启发的更高层次智能：推理、注意力和记忆。在本章，读者主要学习基于人工智能的记忆网络在 NLP 中的应用：语言理解。

第 10 章　基于先进递归神经网络的时间序列预测，时间序列是机器学习中广泛应用的一个重要领域。本章将利用 RNN 的先进技术，来获得最新成果。

第 11 章　强化环境学习，强化学习是机器学习的一个重要研究领域，主要是训练一个智能体在环境下的行为（如视频游戏），通过在环境中执行某些动作（按下控制器上的按键）和观察所发生的变化来得到一个最优量（最大化游戏得分）。

强化学习新范式为计算机和现实世界之间的算法设计和交互开辟了一条全新道路。

第 12 章　基于非监督式网络的特征学习，非监督式学习主要是无需标记训练数据的新训练算法。这些算法试图从数据中推断出称为因素的隐藏标签，并由其中一些因素生成新的合成数据。

非监督式训练在许多情况下非常有用，其中包括无标签，或人工标注数据成本太高，或数据集太小而使得特征过拟合数据等情况。对于最后一种情况，对未标记数据进行更多训练以获得更好的特征是监督式学习的基础。

第 13 章　基于 Theano 的深度学习扩展，扩展了 Theano 下深度学习的更多可能性。提出了为计算图创建新算子的方法，在 CPU 或 GPU 中，简化 Python 程序，或减少 C 语言中 Python 的开销。另外，还介绍了 GPU 并行编程的基本概念。最后，根据本书所介绍的第一项技术，开启通用人工智能领域，并逐步开发新技能，使得进一步提高完善。

## 为何选择 Theano？

Theano 的研发时间和成本是非常可观的，要了解其中的原委，一个重要的原因是 Theano 是目前最好的深度学习技术，远非仅是一个深度学习库。选择 Theano 主要是以下 3 个原因：

- 具有其他数值计算库或深度学习库的类似性能；
- 具有丰富的 Python 系统；
- 根据给定模型，可由数据来评估任何函数约束，从而可以求解任何优化问题。

首先考虑技术本身的**性能**。在深度学习方面常用的库有 Theano（用于 Python）、Torch（用于 Lua）、Tensorflow（用于 Python）和 Caffe（用于 C++ 和 Python 封装）。目前已有很多基准可对深入学习技术进行比较。

2012 年 Bastien 等人提出（Theano：new features and speed improvements，FrédéricBastien，Pascal Lamblin，Razvan Pascanu，James Bergstra，Ian Goodfellow，Arnaud Bergeron，Nicolas Bouchard，David Warde-Farley，Yoshua Bengio，Nov 2012），Theano 在运行速度方面取得了重

大进展，但这是在执行不同的任务下比较的，并不能明确表明在其他技术中具有明显的优势。2016 年 Bahrampour 等人（Comparative Study of Deep Learning Software Frameworks，Soheil Bahrampour, Naveen Ramakrishnan, Lukas Schott, Mohak Shah, mars 2016）研究得出了以下结论：

- 在基于 GPU 的已训练完成卷积和完全连接网络的部署方面，Torch 最适合，其次是 Theano；
- 在基于 GPU 训练卷积网络和完全连接网络方面，对于小型网络 Theano 是最快的，而对于较大网络 Torch 是最快的；
- 在基于 GPU 的递归网络（LSTM）训练和部署方面，Theano 的性能最佳；
- 在基于 CPU 的任何测试深度网络架构的训练和部署方面，Torch 表现最好，其次是 Theano。

这些结论均已在开源 rnn-benchmarks（https://github.com/glample/rnn-benchmarks）中得到验证，其中在训练（前向 + 后向）方面，Theano 性能优于 Torch 和 TensorFlow。另外，在具有大量隐层单元且批大小较小时，Theano 的性能完全碾压 Torch 和 TensorFlow。而对于批大小和隐层个数较大时，性能差别较小，这是由于更多依赖于 CUDA 的性能，这是对于所有框架通用的底层 NVIDIA 图形库。最后，在最新的 soumith benchmarks（https://github.com/soumith/convent-benchmarks）中，Theano 的 fftconv 在 CPU 上执行性能最佳，而在 GPU 上执行卷积运算最佳的是 cuda-convnet2，对于 fbfft 执行最佳的是 CUDA 扩展库，即底层标准库。这些结论表明，尽管测试结果是多方面的，但 Theano 在执行速度方面起着主导作用。

其次，选择 Theano 而不是 Torch 的原因在于其不仅继承了 Python 系统的优点，而且还拥有专为 Theano 而开发的大量库，从而具有**丰富的编程系统**。本书将介绍其中的两个高级库——Lasagne 和 Keras。在支持各种深度学习架构和计算库方面，Theano 和 Torch 都是最具扩展性的框架。最后，与其他深度学习库相比，Theano 调试简单。

Theano 成为计算机科研人员所使用的强大工具的第三个原因是因为其不是专用于深入学习的。虽然 Theano 在深度学习方面所采用的方法与其他库相同，但其基本原理却完全不同：实际上，Theano 是对目标架构上的计算图进行编译。这种编译步骤使得 Theano 极具特性，应该将其定义为一种根据机器学习思想设计的**数学表达式编译器**。符号微分是 Theano 为实现非标准深度学习架构所提供的最有用的功能之一。因此，Theano 能够解决更大范围的数值问题，并可用于在给定现有数据集下最小化求解由可微损失函数或能量函数所表征的任何问题。

## 学习本书所需的准备工作

安装 Theano 需要 conda 或 pip，且在 Windows、Mac OS 和 Linux 操作系统下的安装过程均相同。

在 Mac OS 和 Linux Ubuntu 操作系统下已对书中代码进行了测试。在 Windows 操作系统下可能会有所不同，如修改路径，这些问题都是 Windows 操作系统开发人员很容易解决的。

假设这些示例代码可存储在计算机的一个共享文件夹内，可下载、解压和预处理非常大的数据库文件，而不能留在代码库中。这种做法有助于节省磁盘空间，而多个代码目录和用户可使用相同的数据库副本。该文件夹通常是用户共享的：

```
sudo mkdir /sharedfiles
sudo chmod 777 /sharedfiles
```

## 本书读者对象

本书旨在以 Theano 为支持技术，提供深度学习的全面概述。本书专门针对深度学习和人工智能的初学者，以及想要积累跨领域开发经验并熟悉 Theano 及其支持库的计算机程序人员。本书有助于读者了解深度学习相关知识，并获取深度学习的相关实用信息。

学习本书需要一些 Python 编程和计算机科学的基本技能，以及初等代数和微积分的知识。 所有实验的基本技术都是 Theano，本书首先深入介绍了这一核心技术，然后介绍了一些库及其在现有模块上的重用。

本书向读者介绍了深度学习的各种方法，讨论了不同类型的网络及其应用，同时分析了由深度学习技术 Theano 为所有实现提供支持的可能性。本书总结了一些性能最优的网络和最先进的成果，并帮助读者全面了解深度学习架构，逐步从简单网络扩展到复杂网络。

由于 Python 已成为数据科学的主要编程语言，因此本书试图涵盖 Python 程序员利用 Python 和 Theano 进行深度学习所需了解的所有内容。

本书还介绍了 Theano 上的两个抽象框架 Lasagne 和 Keras，可以简化更复杂网络的开发，且不影响理解基本概念。

## 约定惯例

在本书中，提供了区分不同类型信息的多种文本样式。下面是这些文本格式的一些示例及其含义的解释。

代码文本、数据库表名、文件夹名、文件名、文件扩展名、路径名、虚拟 URL、用户输入和 Twitter 句柄如下所示：“运算符是由 theano.Op 泛型类派生的类定义。”

代码块如下：

```
import theano, numpy
class AXPBOp(theano.Op):
"""
This creates an Op that takes x to a*x+b.
"""
__props__ = ("a", "b")
```

任何命令行输入或输出如下：

```
gsutil mb -l europe-west1 gs://keras_sentiment_analysis
```

**新术语**和**重要词汇**用粗体显示。在屏幕上看到的单词（例如在菜单或对话框中）出现在以下文本中：“点击 **下一步** 按钮可切换到下一界面”。

警告或重要信息会显示在这样的框中

提示和技巧会这样显示

## 读者反馈

欢迎读者反馈意见。让作者了解读者对本书的看法，喜欢什么或不喜欢什么。读者反馈对于作者开发真正让读者受益的主题非常重要。

若要给作者反馈意见，只需发送邮件到 feedback@packtpub.com，并在邮件标题中注明书名。

如果有读者擅长的主题或有兴趣参与撰写或出版的书，请查看 www.packtpub.com/authors 上的作者指南。

## 用户支持

既然读者购买了 Packt 出版社出版的书，那么出版社将会帮助读者获得最大收益。

## 示例代码下载

读者可以在 http://www.packtpub.com 上根据账户下载本书的示例代码。如果想要购买本书电子版，可以访问 http://www.packtpub.com/support 并注册，将直接通过电子邮件发送给读者。

下载代码文件步骤如下：

1）通过邮件地址和密码在网站上登录或注册。

2）鼠标指向顶部的 SUPPORT 选项。

3）单击 Code Downloads & Errata。

4）在 Search 框中输入书名。

5）选择想要下载代码文件的书。

6）在下拉菜单中选择购买本书的方式。

7）单击 Code Download。

读者也可以通过单击 Packt 出版社网站上本书网页的 Code Files 按钮来下载代码文件。通过在 Search 框中输入书名来访问该页面。需要注意的是，应首先通过 Packt 账户登录。

下载完成后，请用以下软件最新版本来解压文件夹：

- WinRAR / 7-Zip for Windows。
- Zipeg / iZip / UnRarX for Mac。
- 7-Zip / PeaZip for Linux。

本书的代码包还托管在 GitHub 上，https://github.com/PacktPublishing/Hands-On-Deep-

Learning-with-TensorFlow。另外在 https://github.com/PacktPublishing/ 上的大量图书和视频目录中还有其他代码包。请查阅！

## 勘误

尽管已尽力确保内容准确，但仍然难免会有错误。如果读者在书中发现了错误、文本或代码错误，如果能及时告知，将不胜感激。这样会帮助其他读者，并有助于在本书的后续版本中进行完善。如果读者发现任何错误，请访问 http://www.packtpub.com/submit-errata 告知。首先选择书名，点击勘误提交表单链接，然后输入详细的勘误内容。一旦通过验证，将会接受读者的提交并将勘误表上传网站，或在该标题的勘误部分下添加到现有的勘误表中。

若要查看已提交的勘误表，请访问 https://www.packtpub.com/books/content/support，并在搜索栏中输入书名。相关信息将会显示在 Errata 部分中。

## 版权保护

在互联网上受版权保护的资料，涉及的盗版问题是一个存在于所有媒体的严重问题。Packt 出版社非常重视保护版权和许可。如果读者在网上发现任何非法复制的作品，请立即提供地址和网址，以便追踪索赔。请通过 copyright@packtpub.com 联系我们，并提供疑似盗版材料的链接。非常感谢您在保护作者和为您提供宝贵内容方面的帮助。

## 问题

如果读者对本书有任何问题，请通过 questions@packtpub.com 联系我们，我们将竭尽全力为读者解决。

## 原书审阅人

Matthieu de Beaucorps 是具有丰富工程背景的机器学习专家，自 2012 年以来，一直从事深度神经网络研究，以提高在计算机视觉、语音识别和自然语音处理中的识别和推荐任务。

Pascal Lamblin 是 MILA（蒙特利尔机器学习算法研究所）的软件分析师，他在获得巴黎中央理工学院工程学位后，在蒙特利尔大学 Yoshua Bengio 的指导下进行研究工作，目前主要从事 Theano 的开发研究。

## www.PacktPub.com 电子书、折扣优惠等

下载本书相关的文件资料，请访问 www.PacktPub.com。

您是否知道 Packt 出版社为每本出版发行的书都提供了电子书版本，其中包括 PDF 和 ePub 文件？您可以通过 www.PacktPub.com 升级电子书版本，作为纸质版用户，还可以享受电子书的折扣。有关更多详细信息，请通过 customercare@packtpub.com 与我们联系。

在 www.PacktPub.com，您还可以阅读免费技术文章，订阅一系列免费时事通信，并获得 Packt 出版社纸制书和电子书的独家折扣和优惠。

使用 Mapt 可获得最需要的软件技能。Mapt 可让读者充分访问所有 Packt 出版社的图书和视频课程，以及行业领先的工具，帮助读者规划个人发展并推动读者的事业发展。

## 为什么订阅？

- 可以在 Packt 出版社发行的每本书中全面搜索。
- 复制、粘贴、打印和标注内容。
- 可通过 web 浏览器访问。

# 本书作者

Christopher Bourez 于 2005 年毕业于巴黎综合理工大学和卡尚高等师范学院，获得数学、机器学习和计算机视觉（MVA）的硕士学位。

7 年来，他创立了一家计算机视觉公司，在 2007 年推出了一种用于 iPhone 的视觉识别应用程序 Pixee，与巴黎市的各大影院品牌和一些主要票务经销商合作：通过一张照片，用户可以获取有关活动、产品和购票方式等信息。

在应用 Caffe、TensorFlow 或 Torch 来完成计算机视觉任务的过程中，通过计算机科学的博客，帮助其他开发人员成功实现。其中一篇博客文章——“A tutorial on the Caffe deep learning technology”（基于 Caffe 的深度学习技术教程），已成为继 Caffe 官方网站之后在网络上最受欢迎的教程。

在 Packt 出版社的积极倡导下，将其撰写 Caffe 教程的成功经验移植到关于 Theano 技术的本书上。与此同时，还深入研究了有关深度学习的广泛问题，并在 Theano 及其应用方面积累了更多的实践经验。

# 原书致谢

本书能够在不到一年内完成，在此要特别感谢 Mohammed Jabreel 帮助撰写本书的第 3 章和第 5 章以及相关代码示例。

Mohammed Hamood Jabreel 是西班牙罗维拉 · 维尔吉利大学计算机科学与数学系的计算机科学工程在读博士。他于 2015 年在罗维拉 · 维尔吉利大学获得计算机工程：计算机安全与智能系统硕士学位，2009 年在霍迪德哈大学获得计算机科学学士学位。他的主要研究方向为自然语言处理、文本挖掘和情感分析。

其次，要感谢 IBM 公司全球创业计划的巨大支持，它所提供的专用 GPU 在训练神经网络方面具有无与伦比的品质和性能。

最后，要感谢审阅人 Matthieu de Beaucorps 和 Pascal Lamblin，以及 Packt 出版社的工作人员 Amrita 和 Vinay，是他们为本书的完成提供了思想和帮助。

祝大家阅读愉快!

# 目　录


译者序

原书前言

本书作者

原书致谢

第 1 章　Theano 基础 //1

1.1　张量所需 //1

1.2　安装和加载 Theano //2

1.2.1　Conda 软件包和环境管理器 // 2

1.2.2　在 CPU 上安装和运行 Theano // 2

1.2.3　GPU 驱动和相关库 // 3

1.2.4　在 GPU 上安装和运行 Theano // 4

1.3　张量 //5

1.4　计算图和符号计算 //8

1.5　张量操作 //11

1.5.1　维度操作算子 // 13

1.5.2　元素操作算子 // 14

1.5.3　约简操作算子 // 16

1.5.4　线性代数算子 // 16

1.6　内存和变量 //18

1.7　函数和自动微分 //20

1.8　符号计算中的循环运算 //22

1.9　配置、分析和调试 //26

1.10　小结 //29

第 2 章　基于前馈神经网络的手写体数字分类 //30

2.1　MNIST 数据集 // 30

2.2　训练程序架构 // 32

2.3　分类损失函数 // 33

2.4　单层线性模型 // 34

2.5　成本函数和误差 // 35

2.6　反向传播算法和随机梯度下降 // 36

2.7　多层模型 // 37

2.8　卷积层和最大池化层 // 43

2.9　训练 // 47

2.10　退出 // 52

2.11　推理 // 52

2.12　优化和其他更新规则 // 52

2.13　延伸阅读 // 56

2.14　小结 // 57

第 3 章　单词的向量编码 //58

3.1　编码和嵌入 // 58

3.2　数据集 // 60

3.3　连续词袋模型 // 62

3.4　模型训练 // 66

3.5　可视化学习嵌入 // 68

3.6　嵌入评价——类比推理 // 70

3.7　嵌入评价——量化分析 // 72

3.8　单词嵌入应用 // 72

3.9　权重绑定 // 73

3.10 延伸阅读 // 73
3.11 小结 // 74

第 4 章 基于递归神经网络的文本生成 //75

4.1 RNN 所需 // 75
4.2 自然语言数据集 // 76
4.3 简单递归网络 // 79
4.3.1 LSTM 网络 // 81
4.3.2 门控递归网络 // 83
4.4 自然语言性能评测 // 84
4.5 训练损失比较 // 84
4.6 预测示例 // 86
4.7 RNN 的应用 // 87
4.8 延伸阅读 // 88
4.9 小结 // 89

第 5 章 基于双向 LSTM 的情感分析 // 90

5.1 Keras 的安装和配置 // 90
5.1.1 Keras 编程 // 91
5.1.2 SemEval 2013 数据集 // 93
5.2 文本数据预处理 // 94
5.3 模型架构设计 // 96
5.3.1 单词的向量表征 // 96
5.3.2 基于双向 LSTM 的语句表征 // 97
5.3.3 softmax 分类器的输出概率 // 98
5.4 模型编译与训练 // 99
5.5 模型评估 // 99
5.6 模型保存与加载 // 100
5.7 示例运行 // 100
5.8 延伸阅读 // 100
5.9 小结 // 101

第 6 章 基于空间变换网络的定位 // 102

6.1 基于 Lasagne 的 MNIST CNN 模型 // 102
6.2 定位网络 // 104
6.2.1 RNN 在图像中的应用 // 108
6.3 基于共定位的非监督式学习 // 112
6.4 基于区域的定位网络 // 112
6.5 延伸阅读 // 113
6.6 小结 // 114

第 7 章 基于残差网络的图像分类 // 115

7.1 自然图像数据集 // 115
7.1.1 批处理标准化 // 116
7.1.2 全局平均池化 // 117
7.2 残差连接 // 118
7.3 随机深度 // 123
7.4 密集连接 // 124
7.5 多 GPU // 125
7.6 数据增强 // 126
7.7 延伸阅读 // 127
7.8 小结 // 127

第 8 章 基于编码—解码网络的翻译与解释 // 128

8.1 序列—序列网络在自然语言处理中的应用 // 128
8.2 序列—序列网络在语言翻译中的应用 // 133
8.3 序列—序列网络在聊天机器人中的应用 // 134
8.4 序列—序列网络的效率提高 // 134
8.5 图像反卷积 // 136

8.6 多模态深度学习 // 140
8.7 延伸阅读 // 140
8.8 小结 // 142

第 9 章 基于注意力机制的相关输入或记忆选择 // 143
9.1 注意力可微机制 // 143
9.1.1 基于注意力机制的最佳翻译 // 144
9.1.2 基于注意力机制的最佳图像注释 // 145
9.2 神经图灵机中的信息存储和检索 // 146
9.3 记忆网络 // 148
9.3.1 基于动态记忆网络的情景记忆 // 149
9.4 延伸阅读 // 150
9.5 小结 // 151

第 10 章 基于先进递归神经网络的时间序列预测 // 152
10.1 RNN 的退出 // 152
10.2 RNN 的深度学习方法 // 153
10.3 层叠递归网络 // 154
10.4 深度转移递归网络 // 157
10.5 高速网络设计原理 // 157
10.6 递归高速网络 // 158
10.7 延伸阅读 // 159
10.8 小结 // 159

第 11 章 强化环境学习 // 160
11.1 强化学习任务 // 160
11.2 仿真环境 // 161
11.3 *Q* 学习 // 164
11.4 深度 *Q* 学习网络 // 166
11.5 训练稳定性 // 167
11.6 基于 REINFORCE 算法的策略梯度 // 169
11.7 延伸阅读 // 171
11.8 小结 // 172

第 12 章 基于非监督式网络的特征学习 // 173
12.1 生成模型 // 173
12.1.1 受限玻耳兹曼机 // 173
12.1.2 深度信念网络 // 177
12.1.3 生成性对抗网络 // 178
12.1.4 改进 GAN // 182
12.2 半监督式学习 // 182
12.3 延伸阅读 // 183
12.4 小结 // 184

第 13 章 基于 Theano 的深度学习扩展 // 185
13.1 CPU 中 Python 实现的 Theano 操作 // 185
13.2 GPU 中 Python 实现的 Theano 操作 // 188
13.3 CPU 中 C 实现的 Theano 操作 // 190
13.4 GPU 中 C 实现的 Theano 操作 // 193
13.5 通过共享内存的合并转置，NVIDIA 并行 // 196
13.5.1 模型转换 // 197
13.6 人工智能的未来发展 // 199
13.7 延伸阅读 // 201
13.8 小结 // 202

# 第 1 章 Theano 基础

本章主要介绍作为计算引擎的 Theano 以及基于 Theano 进行符号计算的相关基础知识。 符号计算包括构建操作图（这可能在特定架构下需要进行优化）以及可用于该架构的计算库。

尽管本章内容可能与实际应用还有一定差距，但对于理解后面各章所介绍的相关技术至关重要。Theano 具有哪些功能及其价值所在？随后的所有各章中都会讨论 Theano 在构建所有可能深度学习架构时的具体应用。

Theano 可定义为一种科学计算库，自 2007 年出现以来，特别适合于深度学习。所具有的两个重要特征是深度学习库的核心：张量运算，以及在 CPU 或**图形计算单元**（**GPU**）上运行代码的能力。这两个特性使之能够处理大量的多维数据。此外，Theano 还具有自动微分功能，这是一种可以解决比深度学习问题更大范围数值优化的有用功能。

本章主要包括以下内容：

- Theano 的安装和加载；
- 张量和代数；
- 符号编程；
- 图；
- 自动微分；
- GPU 编程；
- 分析；
- 配置。

## 1.1 张量所需

通常，输入数据用多维数组表示：

- **图像具有 3 个维度**：通道个数、图像的宽度和高度；
- **声音和时间序列具有一个维度**：持续时间；
- **自然语言序列可以用二维数组表示**：持续时间和字母长度或词汇长度。

在后面的内容中将分析讨论更多的输入数据数组示例。

在 Theano 中，多维数组是通过一个称为**张量**的抽象类来实现的，与 Python 等计算机语言中的传统数组相比，这种数组可实现更多的转换。

在神经网络的每个阶段，诸如矩阵乘法之类的计算都涉及多维数组的各种操作。

编程语言中的传统数组没有足够的内置功能来快速并适当地解决多维计算和操作。

多维数组的计算已有很长的优化历史，并产生了相应的大量运行库和硬件。在运行速度上最主要的改善是源于 GPU 的大规模并行架构，其拥有从几百到几千个具有计算能力的内核。

与传统的 CPU 相比，例如一个 4 核、12 核或 32 核的引擎，GPU 的运行速度可达到 5x 到 100x，即使部分代码仍在 CPU 上执行（数据加载、GPU 引导和结果输出）。GPU 的主要瓶颈通常是 CPU 内存和 GPU 内存之间的数据传输，但若编程得当，GPU 的运行速度可大幅提高一个数量级。在几小时或几天内，而不是几天或几个月，即可得到计算结果，这对于实验来说无疑是极其有利的。

Theano 的引擎设计是从一开始就解决多维数组和抽象架构。

在科学计算方面，Theano 还有一个无可争议的优势：多维数组的自动微分功能，这是一个非常适合于通过最小化目标函数来推导模型参数的特性。这种特性可通过释放 pain 来计算导数而便于实验，这虽然可能不是很复杂，但很容易出错。

## 1.2 安装和加载 Theano

本节将介绍 Theano 的安装，以及在 CPU 和 GPU 设备上的运行，并保存配置。

### 1.2.1 Conda 软件包和环境管理器

Theano 最简单的安装方法是通过一个跨平台软件包和环境管理器 conda。

如果在操作系统中尚未安装 conda，则安装 conda 的最快捷方法是从 https://conda.io/miniconda.html 下载 miniconda 安装程序。例如，对于 conda under Linux 64 bit and Python 2.7，可使用以下命令：

```
wget https://repo.continuum.io/miniconda/Miniconda2-latest-Linux-x86_64.sh
chmod +x Miniconda2-latest-Linux-x86_64.sh
bash./Miniconda2-latest-Linux-x86_64.sh
```

conda 可创建不同 Python 版本 (2 或 3) 的新环境，且安装软件包可能不同。conda 根环境是与安装 conda 的系统上相同的 Python 版本。

### 1.2.2 在 CPU 上安装和运行 Theano

现在，开始安装 Theano：

```
conda install theano
```

运行 Python 会话，并通过以下命令来检查配置：

```
>>> from theano import theano
```

```
>>> theano.config.device
'cpu'

>>> theano.config.floatX
'float64'

>>> print(theano.config)
```

最后一行命令可输出 Theano 的所有配置。theano.config 中包括了许多关键配置项。

为了选择合适的配置项，Theano 首先查看 ~/.theanorc 文件，然后是查看覆盖之前选项的所有环境变量，最后是代码中按优先级顺序排列的变量集合：

```
>>> theano.config.floatX='float32'
```

有些属性可能是只读的，不能在代码中更改，但设置浮点数默认精度的 floatX 是可以直接在代码中更改的属性。

> 建议采用 float32，这是由于 GPU 很久没有 float64 版本。float64 在 GPU 上的执行速度较慢，有时可能会更慢（最新一代的 Pascal 硬件只能是 2x~32x），而 float32 的精度足够。

### 1.2.3 GPU 驱动和相关库

Theano 允许使用 GPU，这是通常用于计算图形并在计算机屏幕上显示的单元。

为了使得 Theano 在 GPU 上正常运行，需要在系统中安装一个 GPU 后端库。

CUDA 库 ( 只针对 NVIDIA GPU 卡 ) 是主要用于 GPU 计算的库。另外，还需要 OpenCL 标准，这是一种开源库，目前开发较少，但在 Theano 上具有较多的实验性和基本特征。

目前，大多数科学计算仍主要是在 NVIDIA 卡上进行。如果已有一个 NVIDIA GPU 卡，可从 NVIDIA 网站（https://developer.nvidia.com/cuda-downloads）下载并安装 CUDA。如果还没有安装 GPU 驱动，安装程序将首先安装最新版本的 GPU 驱动程序。CUDA 库安装在 /usr/local/cuda 文件夹下。

安装 NVIDIA 中的一个库——cuDNN 库，可快速实现 GPU 的一些操作。为此，通常将 /usr/local/cuda 目录复制到一个新的目录 /usr/local/cuda-{CUDA_VERSION}-cudnn-{CUDNN_VERSION}，由此可根据所用的深度学习技术及其兼容性来选择相应版本的 CUDA 和 cuDNN。

在 .bashrc 配置文件中，添加下列代码行来设置 $ PATH 和 $ LD_LIBRARY_PATH 变量：

```
export PATH=/usr/local/cuda-8.0-cudnn-5.1/bin:$PATH
export LD_LIBRARY_PATH=/usr/local/cuda-8.0-cudnn-5.1/lib64:/usr/local/cuda-8.0-cudnn-5.1/lib:$LD_LIBRARY_PATH
```

### 1.2.4 在 GPU 上安装和运行 Theano

在 6 种不同 GPU 库 (Theano/CudaNdarray、PyCUDA/GPUArray、CUDAMAT/CUDAMatrix、PYOPENCL/GPUArray、Clyther、Copperhead) 中利用 Python 实现的 *N* 维 GPU 数组是 NumPy.ndarray 的一个子集。Libgpuarray 是一个使之在一个通用接口中具有相同属性的后端库。

通过下列命令在 conda 中安装 libgpuarray：

```
conda install pygpu
```

在 GPU 模式下运行 Theano，需在运行前配置 config.device 变量，这是由于一旦执行代码，该变量是一个只读变量，且需要在 THEANO_FLAGS 环境变量下执行该命令：

```
THEANO_FLAGS="device=cuda,floatX=float32" python
>>> import theano
Using cuDNN version 5110 on context None
Mapped name None to device cuda: Tesla K80 (0000:83:00.0)

>>> theano.config.device
'gpu'

>>> theano.config.floatX
'float32'
```

第一个返回值表明正确检测到 GPU 设备，并指定使用哪个 GPU。

默认情况下，Theano 激活一个 CUDA 快速内存分配器—CNMeM。可由 gpuarra.preallocate 选项指定初始预分配。最后，启动命令如下：

```
THEANO_FLAGS="device=cuda,floatX=float32,gpuarray.preallocate=0.8" python
>>> from theano import theano
Using cuDNN version 5110 on context None
Preallocating 9151/11439 Mb (0.800000) on cuda
Mapped name None to device cuda: Tesla K80 (0000:83:00.0)
```

其中，第一行表明 cuDNN 已激活，第二行是进行内存预分配，第三行给出默认的**上下文名称**（即当设置 flag device=cuda 时，为 None）和 GPU 的使用模式，而默认的 CPU 设备名称始终是 cpu。

可以指定与第一个 GPU 不同的 GPU，即对于多 GPU 计算机，设备设置为 cuda0, cuda1, ...。也可以在多个 GPU 上并行或按顺序（当一个 GPU 的内存不足时）运行程序，尤其是在训练非常深度的神经网络时，如第 7 章基于残差网络的图像分类中所述的完整图像分类。在这种情况下，contexts= dev0 - > cuda0 ; dev1 - > cuda1 ; dev2 - > cuda2 ; dev3 - > cuda3 标志可激活多个 GPU 而不仅仅是一个 GPU，并指定代码中所使用的每个 GPU 设备的上下文名称。在此，给出一个 4 个 GPU 的实例：

```
THEANO_FLAGS="contexts=dev0->cuda0;dev1->cuda1;dev2->cuda2;dev3-
>cuda3,floatX=float32,gpuarray.preallocate=0.8" python
>>> import theano
Using cuDNN version 5110 on context None
Preallocating 9177/11471 Mb (0.800000) on cuda0
Mapped name dev0 to device cuda0: Tesla K80 (0000:83:00.0)
Using cuDNN version 5110 on context dev1
Preallocating 9177/11471 Mb (0.800000) on cuda1
Mapped name dev1 to device cuda1: Tesla K80 (0000:84:00.0)
Using cuDNN version 5110 on context dev2
Preallocating 9177/11471 Mb (0.800000) on cuda2
Mapped name dev2 to device cuda2: Tesla K80 (0000:87:00.0)
Using cuDNN version 5110 on context dev3
Preallocating 9177/11471 Mb (0.800000) on cuda3
Mapped name dev3 to device cuda3: Tesla K80 (0000:88:00.0)
```

在多 GPU 配置中为一个特定 GPU 分配计算时，所选择的设备名 dev0、dev1、dev2 和 dev3 映射到每个相应设备（cuda0，cuda1，cuda2，cuda3）。

该设备名映射机制可允许编写与底层 GPU 分配和库（CUDA 或其他库）独立的代码。

若要保证在每个 Python 会话中当前配置标志激活或执行过程与环境变量无关，需在 ~/.theanorc 文件中保存配置如下：

```
[global]
floatX = float32
device = cuda0
[gpuarray]
preallocate = 1
```

现在就可以简单运行 python 命令了。一切都已准备就绪。

## 1.3 张量

在 Python 中，一些科学计算库（如 NumPy）已提供了多维数组。Theano 并不能取代 Numpy，但可与之协同工作。NumPy 可用于初始化张量。

为了在 CPU 和 GPU 上执行相同的计算，采用符号变量，并由张量类、抽象以及由变量节点和应用节点构建计算图的数字表达式表示。根据计算图的编译平台，张量可由下列任意一种形式替代：

- TensorType 变量，只能用于 CPU；
- GpuArrayType 变量，只能用于 GPU。

这样，所编写的代码就与执行平台无关。

在此给出一些张量对象：

| 对象类 | 维度 | 示例 |
|---|---|---|
| theano.tensor.scalar | 零维数组 | 1, 2.5 |
| theano.tensor.vector | 一维数组 | [0,3,20] |
| theano.tensor.matrix | 二维数组 | [[2,3][1,5]] |
| theano.tensor.tensor3 | 三维数组 | [[[2,3][1,5]],[[1,2],[3,4]]] |

在 Python shell 中使用这些 Theano 对象具有更好的效果：

```
>>> import theano.tensor as T

>>> T.scalar()
<TensorType(float32, scalar)>

>>> T.iscalar()
<TensorType(int32, scalar)>

>>> T.fscalar()
<TensorType(float32, scalar)>

>>> T.dscalar()
<TensorType(float64, scalar)>
```

在对象名称之前的 i、l、f 或 d 表明给定张量类型为 integer32、integer64、float32 或 float64。对于实值（浮点）数据，建议直接采用 T.scalar() 形式而不是 f 或 d 的形式，这是由于对于浮点数的配置可采用直接表示形式：

```
>>> theano.config.floatX = 'float64'

>>> T.scalar()
<TensorType(float64, scalar)>

>>> T.fscalar()
<TensorType(float32, scalar)>

>>> theano.config.floatX = 'float32'

>>> T.scalar()
<TensorType(float32, scalar)>
```

符号变量的作用如下：

• 起到占位符的作用，作为构建数值运算（如加法、乘法）计算图的起点：一旦计算图编译完成，在评价过程中接收输入数据流。

• 表示中间结果或输出结果。

符号变量和操作都是计算图的一部分，在 CPU 或 GPU 上进行编译以实现快速执行。

接下来，编写一个简单加法的计算图：

```
>>> x = T.matrix('x')

>>> y = T.matrix('y')

>>> z = x + y

>>> theano.pp(z)
'(x + y)'

>>> z.eval({x: [[1, 2], [1, 3]], y: [[1, 0], [3, 4]]})
array([[ 2.,  2.],
       [ 4.,  7.]], dtype=float32)
```

首先，创建两个符号变量，或称为变量节点，记为 x 和 y，并在两者之间通过一个加法操作，即应用节点在计算图中创建一个新的符号变量 z。

输出函数 pp 可输出由 Theano 符号变量表示的表达式。Eval 函数可在前两个变量 x 和 y 通过两个二维数值数组初始化后计算输出变量 z 的值。

下面的示例表明变量 x 和 y 之间的区别，分别记为 x 和 y：

```
>>> a = T.matrix()

>>> b = T.matrix()

>>> theano.pp(a + b)
'(<TensorType(float32, matrix)> + <TensorType(float32, matrix)>)'.
```

若没有命名，则在较大的计算图中跟踪节点会更加复杂。在输出计算图时，命名显然有助于诊断问题，而变量仅用于处理计算图中的对象：

```
>>> x = T.matrix('x')

>>> x = x + x

>>> theano.pp(x)
'(x + x)'
```

在此，最初记为 x 的符号变量保持不变，仍作为计算图的一部分。x + x 创建一个赋值给 Python 变量 x 的新符号变量。

另外，还需注意的是，在命名时，复数形式可同时初始化多个张量：

```
>>> x, y, z = T.matrices('x', 'y', 'z')
```

接下来，讨论显示计算图的不同函数。

## 1.4 计算图和符号计算

回顾上述的简单加法示例，并以不同形式来显示同样的信息：

```
>>> x = T.matrix('x')

>>> y = T.matrix('y')

>>> z = x + y

>>> z

Elemwise{add,no_inplace}.0

>>> theano.pp(z)

'(x + y)

>>> theano.printing.pprint(z)

'(x + y)'

>>> theano.printing.debugprint(z)
Elemwise{add,no_inplace} [id A] ''
 |x [id B]
 |y [id C]
```

其中，debugprint 函数输出预编译计算图，即未优化的计算图。在本例中，该计算图由两个变量节点 x 和 y，以及一个由 no_inplace 选项确定的按元素相加的应用节点组成。在优化计算图中采用 inplace 选项可节省内存并重用输入内存来保存计算结果。

如果已安装 graphviz 库和 pydot 库，则 pydotprint 命令可输出计算图的 PNG 图像：

```
>>> theano.printing.pydotprint(z)
The output file is available at ~/.theano/compiledir_Linux-4.4--generic-x86_64-with-Ubuntu-16.04-xenial-x86_64-2.7.12-64/theano.pydotprint.gpu.png.
```

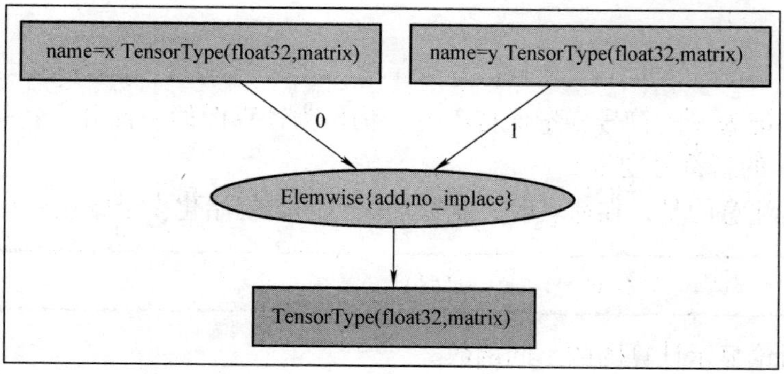

或许读者已经注意到在第一次执行 z.eval 命令时会花费一定时间。这种延迟的原因是需要在计算之前优化数学表达式并编译 CPU 或 GPU 的代码。

编译后的表达式可显式得到，并作为一个普通的 Python 函数来使用：

```
>>> addition = theano.function([x, y], [z])

>>> addition([[1, 2], [1, 3]], [[1, 0], [3, 4]])
[array([[ 2.,  2.],
       [ 4.,  7.]], dtype=float32)]
```

在函数创建中的第一个参数是表征计算图输入节点的变量列表。第二个参数是输出变量数组。通过下列命令可输出编译后的计算图：

```
>>> theano.printing.debugprint(addition)
HostFromGpu(gpuarray) [id A] ''   3
 |GpuElemwise{Add}[(0, 0)]<gpuarray> [id B] ''   2
   |GpuFromHost<None> [id C] ''   1
   | |x [id D]
   |GpuFromHost<None> [id E] ''   0
     |y [id F]

>>> theano.printing.pydotprint(addition)
     The output file is available at ~/.theano/compiledir_Linux-4.4--generic-x86_64-with-Ubuntu-
     16.04-xenial-x86_64-2.7.12-64/theano.pydotprint.gpu.png:
```

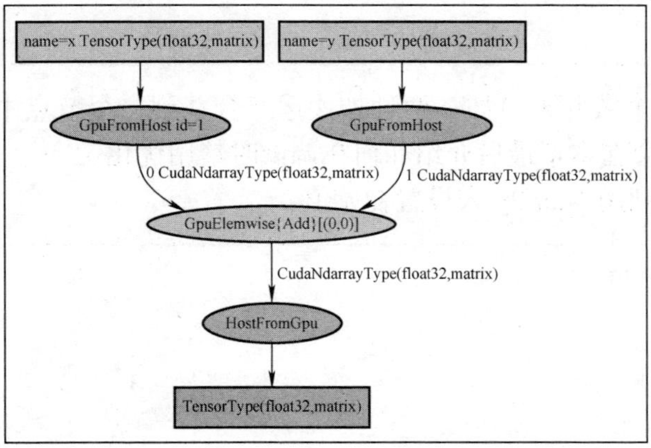


本例已表明在使用 GPU 时的输出情况。在编译过程中，每个操作都选择了 GPU 实现。主程序仍在数据所在的 CPU 上运行，GpuFromHost 指令是将数据从 CPU 传输到 GPU 的输入，而 HostFromGpu 正好相反，是获取主程序的结果并显示：

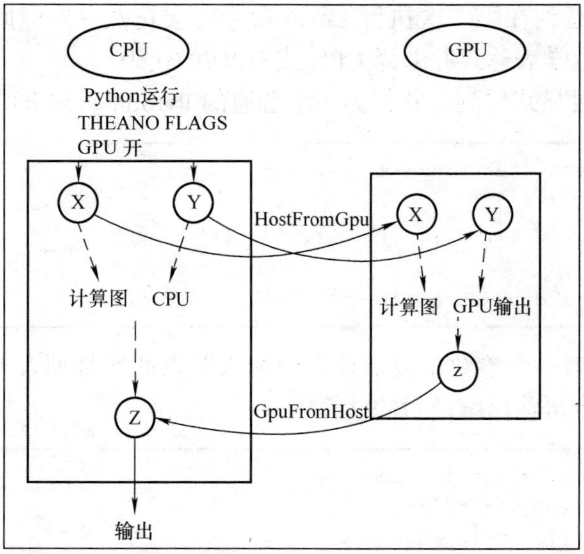


Theano 可执行一些数学优化操作，如分组按元素操作，在上述加法运算上添加一个新值：

```
>>> z= z * x

>>> theano.printing.debugprint(theano.function([x,y],z))
HostFromGpu(gpuarray) [id A] ''   3
 |GpuElemwise{Composite{((i0 + i1) * i0)}}[(0, 0)]<gpuarray> [id B] ''   2
   |GpuFromHost<None> [id C] ''   1
   | |x [id D]
   |GpuFromHost<None> [id E] ''   0
     |y [id F]
```

计算图中的节点个数并未增加：两种加法运算合并到一个节点中。这种优化会使得调试更加困难，因此将会在本章最后介绍如何在调试时禁用优化。

最后，讨论如何利用 NumPy 来设置初始值：

```
>>> theano.config.floatX
'float32'

>>> x = T.matrix()

>>> x
<TensorType(float32, matrix)>

>>> y = T.matrix()

>>> addition = theano.function([x, y], [x+y])

>>> addition(numpy.ones((2,2)),numpy.zeros((2,2)))
Traceback (most recent call last):
```

```
  File "<stdin>", line 1, in <module>
   File "/usr/local/lib/python2.7/site-packages/theano/compile/function_module.py",
line 786, in __call__
    allow_downcast=s.allow_downcast)
  File "/usr/local/lib/python2.7/site-packages/theano/tensor/type.py", line 139, in
filter
    raise TypeError(err_msg, data)
TypeError: ('Bad input argument to theano function with name "<stdin>:1"  at index
0(0-based)', 'TensorType(float32, matrix) cannot store a value of dtype float64 without
risking loss of precision. If you do not mind this loss, you can: 1) explicitly cast
your data to float32, or 2) set "allow_input_downcast=True" when calling "function".',
array([[ 1.,  1.],
       [ 1.,  1.]]))
```

在 NumPy 数组上执行函数会产生一个精度降低的相关错误，这是因为此处的 NumPy 数组是 float64 和 int64 dtypes，而 x 和 y 为 float32。对此有多种解决方法：第一种解决方法是以正确 dtype 类型创建 NumPy 数组：

```
>>> import numpy

>>> addition(numpy.ones((2,2), dtype=theano.config.floatX),numpy.zeros((2,2),
dtype=theano.config.floatX))
[array([[ 1.,  1.],
       [ 1.,  1.]], dtype=float32)]
```

另一种方法是转换 NumPy 数组类型（尤其是对于不允许直接选择 dtype 类型的 numpy.diag）：

```
>>> addition(numpy.ones((2,2)).astype(theano.config.floatX),numpy.diag((2,3)).
astype(theano.config.floatX))
[array([[ 3.,  1.],
       [ 1.,  4.]], dtype=float32)]
```

或允许向下类型转换：

```
>>> addition = theano.function([x, y], [x+y],allow_input_downcast=True)

>>> addition(numpy.ones((2,2)),numpy.zeros((2,2)))
[array([[ 1.,  1.],
       [ 1.,  1.]], dtype=float32)]
```

## 1.5 张量操作

至此，已讨论了如何创建由符号变量和运算操作组成的计算图，并在 GPU 或 CPU 上编译赋值表达式或函数的结果。

由于张量对于深度学习非常重要，因此在 Theano 中提供了大量的张量运算算子。在科学计算库（如用于数值数组的 NumPy 库）中存在的大多数算子在 Theano 中等价并具有类似的命名，以便于 NumPy 用户更加熟悉。但与 NumPy 不同的是，在 Theano 中创建的表达式可在 CPU 或 GPU 上编译。

例如，下面是张量创建的情况：

- T.zeros()、T.ones()、T.eye() 算子以一个形状元组作为输入；
- T.zeros_like()、T.one_like()、T.identity_like() 算子采用张量参数的形状；
- T.arange()、T.mgrid()、T.ogrid() 算子用于排列和网格阵列。

下面给出如何在 Python shell 应用：

```
>>> a = T.zeros((2,3))

>>> a.eval()
array([[ 0.,  0.,  0.],
       [ 0.,  0.,  0.]])

>>> b = T.identity_like(a)

>>> b.eval()
array([[ 1.,  0.,  0.],
       [ 0.,  1.,  0.]])

>>> c = T.arange(10)

>>> c.eval()
array([0, 1, 2, 3, 4, 5, 6, 7, 8, 9])
```

如维数（ndim）和类型（dtype）等信息在创建张量时定义，且不能修改：

```
>>> c.ndim
1

>>> c.dtype
'int64'

>>> c.type
TensorType(int64, vector)
```

而形状等其他一些信息通过计算图来计算：

```
>>> a = T.matrix()

>>> a.shape
Shape.0
```

```
>>> a.shape.eval({a: [[1, 2], [1, 3]]})
array([2, 2])

>>> shape_fct = theano.function([a],a.shape)

>>> shape_fct([[1, 2], [1, 3]])
array([2, 2])

>>> n = T.iscalar()

>>> c = T.arange(n)

>>> c.shape.eval({n:10})
array([10])
```

### 1.5.1 维度操作算子

第一类张量算子是维数操作算子。这种算子是以张量作为输入，并返回一个新的张量：

| 算子 | 描述 |
|---|---|
| T.reshape | 重构张量维数 |
| T.fill | 用相同值填充数组 |
| T.flatten | 返回一个一维张量的所有元素（向量） |
| T.dimshuffle | 改变维度顺序，有点类似 NumPy 中的转置方法，主要区别是可用于增加或去除 broadcastable 维度（长度为 1） |
| T.squeeze | 通过去除等于 1 的维度来重构 |
| T.transpose | 转置 |
| T.swapaxes | 交换维度 |
| T.sort、T.argsort | 排序张量或按顺序索引 |

例如，重构算子的输出是一个新的张量，其中包含顺序相同但形状不同的相同元素：

```
>>> a = T.arange(10)

>>> b = T.reshape( a, (5,2) )

>>> b.eval()
array([[0, 1],
       [2, 3],
       [4, 5],
       [6, 7],
       [8, 9]])
```

该算子可构成链的形式：

```
>>> T.arange(10).reshape((5,2))[::-1].T.eval()
array([[8, 6, 4, 2, 0],
       [9, 7, 5, 3, 1]])
```

在 Python 中通过索引访问普通 [: : -1] 数组的方法和 T.transpose 中 .T 的用法。

### 1.5.2 元素操作算子

在多维数组上的第二类算子是元素操作算子。

第一类的按元素操作是以两个相同维度的输入张量，并按元素执行应用函数 f，这意味着所有元素对在各自张量中具有相同坐标 f([a,b]，[c,d])=[f(a,c),f(b,d)]。例如下面的乘法运算：

```
>>> a, b = T.matrices('a', 'b')

>>> z = a * b

>>>  z.eval({a:numpy.ones((2,2)).astype(theano.config.floatX), b:numpy.diag((3,3)).
astype(theano.config.floatX)})
array([[ 3.,  0.],
       [ 0.,  3.]])
```

同样的乘法运算还可以写成以下形式：

```
>>> z = T.mul(a, b)
```

T.add 和 T.mul 算子可接受任意个数的输入：

```
>>> z = T.mul(a, b, a, b)
```

而一些元素操作算子只能接受一个输入张量 f([a,b])=[f(a),f(b)]：

```
>>> a = T.matrix()

>>> z = a ** 2

>>> z.eval({a:numpy.diag((3,3)).astype(theano.config.floatX)})
array([[ 9.,  0.],
       [ 0.,  9.]])
```

最后，介绍一下**广播**机制。当输入张量不具有相同个数的维度时，就会广播所缺失的维度，这意味着该张量将沿着这一维度不断重复，以匹配另一个张量的维数。例如，取一个多维张量和一个标量（零维）张量，标量将在与多维张量相同形状的数组中不断重复，以使得最终形状匹配，并可按元素执行操作，f([a,b]，c)=[f(a,c)，f(b,c)]：

```
>>> a = T.matrix()

>>> b = T.scalar()
```

```
>>> z = a * b

>>> z.eval({a:numpy.diag((3,3)).astype(theano.config.floatX),b:3})
array([[ 6.,  0.],
       [ 0.,  6.]])
```

下面是按元素操作算子列表：

| 算子 | 其他形式 | 描述 |
|---|---|---|
| T.add、T.sub、T.mul、T.truediv | +、-、*、/ | 加、减、乘、除 |
| T.pow、T.sqrt | **、T.sqrt | 幂、平方根 |
| T.exp、T.log | | 指数、对数 |
| T.cos、T.sin、T.tan | | 余弦、正弦、正切 |
| T.cosh、T.sinh、T.tanh | | 双曲三角函数 |
| T.intdiv、T.mod | //、% | 整除、模 |
| T.floor、T.ceil、T.round | | 取整算子 |
| T.sgn | | 符号 |
| T.and_、T.xor、T.or_、T.invert | &、^、\|、~ | 按位运算符 |
| T.gt、T.lt、T.ge、T.le | >、<、>=、<= | 比较运算符 |
| T.eq、T.neq、T.isclose | | 等于、不等于、公差接近 |
| T.isnan | | 是否为无穷数（不是数字） |
| T.abs_ | | 绝对值 |
| T.minimum、T.maximum | | 元素最大值和最小值 |
| T.clip | | 最大值和最小值之间的值 |
| T.switch | | 转换 |
| T.cast | | 张量类型转换 |

按元素操作算子总是返回与输入数组相同大小的数组。T.switch 和 T.clip 可接受 3 个输入。

特别是，T.switch 将按元素执行传统的 switch 运算：

```
>>> cond = T.vector('cond')

>>> x,y = T.vectors('x','y')

>>> z = T.switch(cond, x, y)

>>> z.eval({ cond:[1,0], x:[10,10], y:[3,2] })
array([ 10.,   2.], dtype=float32)
```

在 cond 张量为真的同一位置，返回 x 值；反之，若 cond 为假，则返回 y 值。

对于 T.switch 算子，具有一个以标量而非张量的特定等价（ifelse）。这并不是一种按元素的运算，支持延迟求值（如果在计算结束之前已知答案，则无需计算所有的元素）：

```
>>> from theano.ifelse import ifelse

>>> z=ifelse(1, 5, 4)

>>> z.eval()
array(5, dtype=int8)
```

### 1.5.3 约简操作算子

另一种张量操作是约简，在大多数情况下是将所有元素约简为一个标量，为此，需要扫描张量的所有元素来计算输出：

| 算子 | 描述 |
|---|---|
| T.max、T.argmax、T.max_and_argmax | 最大值、最大值序号 |
| T.min、T.argmin | 最小值、最小值序号 |
| T.sum、T.prod | 元素之和或元素之积 |
| T.mean、T.var、T.std | 均值、方差和标准差 |
| T.all、T.any | 所有元素的与运算和或运算 |
| T.ptp | 元素排列（最小、最大） |

上述运算也可通过指定一个轴按行或按列操作，并沿着维度减少的方向执行：

```
>>> a = T.matrix('a')

>>> T.max(a).eval({a:[[1,2],[3,4]]})
array(4.0, dtype=float32)

>>> T.max(a,axis=0).eval({a:[[1,2],[3,4]]})
array([ 3.,  4.], dtype=float32)

>>> T.max(a,axis=1).eval({a:[[1,2],[3,4]]})
array([ 2.,  4.], dtype=float32)
```

### 1.5.4 线性代数算子

第三类操作运算算子是线性代数算子，如矩阵乘法：

$$A \cdot B = \left[c_{i,j}\right] = \left[\sum_k a_{i,k} b_{k,j}\right]$$

也称为向量内积：

$$V \cdot W = \sum_k v_k w_k$$

| 算子 | 描述 |
| --- | --- |
| T.dot | 矩阵乘法 / 内积 |
| T.outer | 外积 |

另外，还有一些广义操作 ( 指定轴的 T.tensordot) 或批量操作 (batched_dot、batched_tensordot)。

最后，还存在一些非常有用的操作算子，但不属于前面的任何一类：T.concatenate 是沿指定维度扩展张量，T.stack 是在输入张量中创建一个新的维度，T.stacklist 是创建一种张量叠加的新模式：

```
>>> a = T.arange(10).reshape((5,2))

>>> b = a[::-1]

>>> b.eval()
array([[8, 9],
       [6, 7],
       [4, 5],
       [2, 3],
       [0, 1]])
>>> a.eval()
array([[0, 1],
       [2, 3],
       [4, 5],
       [6, 7],
       [8, 9]])

>>> T.concatenate([a,b]).eval()
array([[0, 1],
       [2, 3],
       [4, 5],
       [6, 7],
       [8, 9],
       [8, 9],
       [6, 7],
       [4, 5],
       [2, 3],
       [0, 1]])

>>> T.concatenate([a,b],axis=1).eval()
array([[0, 1, 8, 9],
       [2, 3, 6, 7],
       [4, 5, 4, 5],
       [6, 7, 2, 3],
       [8, 9, 0, 1]])
```

```
>>> T.stack([a,b]).eval()
array([[[0, 1],
        [2, 3],
        [4, 5],
        [6, 7],
        [8, 9]],
       [[8, 9],
        [6, 7],
        [4, 5],
        [2, 3],
        [0, 1]]])
```

NumPy 表达式等效的 a[5:]= 5 和 a[5:]+ = 5 是以两种函数存在：

```
>>> a.eval()
array([[0, 1],
       [2, 3],
       [4, 5],
       [6, 7],
       [8, 9]])

>>> T.set_subtensor(a[3:], [-1,-1]).eval()

array([[ 0,  1],
       [ 2,  3],
       [ 4,  5],
       [-1, -1],
       [-1, -1]])

>>> T.inc_subtensor(a[3:], [-1,-1]).eval()
array([[0, 1],
       [2, 3],
       [4, 5],
       [5, 6],
       [7, 8]])
```

与 NumPy 的语法不同，不会改变原始张量，而是创建一个表示结果改变的新变量。因此，原始变量 a 仍为原值，而返回的变量（在此未定义）表示更新后的值，用户可在随后的计算中使用该新变量。

## 1.6 内存和变量

实际应用中，一种常用方法是将浮点数组转换为 theano.config.floatX 型：

• 利用 numpy.array(array,dtype = theano.config.floatX) 创建数组；

• 将数组转换为 array. as_type(theano.config. floatx)，以使得在 GPU 上编译时，使用正确的类型。

例如，手动将数据传输到 GPU（在此，默认为 None），为此，需要使用 float32 值：

```
>>> theano.config.floatX = 'float32'

>>> a = T.matrix()

>>> b = a.transfer(None)

>>> b.eval({a:numpy.ones((2,2)).astype(theano.config.floatX)})
gpuarray.array([[ 1.  1.]
 [ 1.  1.]], dtype=float32)
 >>> theano.printing.debugprint(b)
GpuFromHost<None> [id A] ''
 |<TensorType(float32, matrix)> [id B]
```

transfer(device) 函数（如 transfer( 'cpu' )）可允许数据从一个设备传输到另一个设备。这在部分计算图必须在不同设备上执行时非常有用。否则，Theano 会在优化阶段自动向 GPU 增加传输函数：

```
>>> a = T.matrix('a')

>>> b = a ** 2

>>> sq = theano.function([a],b)

>>> theano.printing.debugprint(sq)
HostFromGpu(gpuarray) [id A] ''   2
 |GpuElemwise{Sqr}[(0, 0)]<gpuarray> [id B] ''   1
   |GpuFromHost<None> [id C] ''   0
     |a [id D]
```

通过显式使用传输函数，Theano 可免去返回到 CPU 的传输。将输出张量保存在 GPU 上可节省大量的传输成本：

```
>>> b = b.transfer(None)

>>> sq = theano.function([a],b)

>>> theano.printing.debugprint(sq)
GpuElemwise{Sqr}[(0, 0)]<gpuarray> [id A] ''   1
 |GpuFromHost<None> [id B] ''   0
   |a [id C]
```

CPU 的默认设备为是 CPU：

```
>>> b = a.transfer('cpu')
```

```
>>> theano.printing.debugprint(b)
<TensorType(float32, matrix)> [id A]
```

数值和符号变量之间的混合概念是共享变量。采用共享变量可通过避免传输而提高 GPU 的性能。通常，以标量零来初始化一个共享变量：

```
>>> state = shared(0)

>>> state
<TensorType(int64, scalar)>

>>> state.get_value()
array(0)

>>> state.set_value(1)

>>> state.get_value()
array(1)
```

共享值是设计为在函数之间共享。也可看作一个内部状态。共享值可以在 GPU 或 CPU 上独立编译代码。默认情况下，是在默认设备（此处为 cuda）上创建共享变量，除了标量整数值（如上述示例）。

还可以指定另一个设备，如 cpu。在多个 GPU 实例情况下，将在 Python 命令行中定义设备，并决定在哪个设备上创建共享变量：

```
PATH=/usr/local/cuda-8.0-cudnn-5.1/bin:$PATH THEANO_FLAGS="contexts=dev0->cuda0;dev1->cuda1,floatX=float32,gpuarray.preallocate=0.8" python
>>> from theano import theano
Using cuDNN version 5110 on context dev0
Preallocating 9151/11439 Mb (0.800000) on cuda0
Mapped name dev0 to device cuda0: Tesla K80 (0000:83:00.0)
Using cuDNN version 5110 on context dev1
Preallocating 9151/11439 Mb (0.800000) on cuda1
Mapped name dev1 to device cuda1: Tesla K80 (0000:84:00.0)

>>> import theano.tensor as T

>>> import numpy

>>> theano.shared(numpy.random.random((1024, 1024)).astype('float32'),target='dev1')
<GpuArrayType<dev1>(float32, (False, False))>
```

## 1.7 函数和自动微分

上节介绍了编译表达式的函数指令。本节将主要介绍上述函数中的下列参数：

```
def theano.function(inputs,
    outputs=None, updates=None, givens=None,
 allow_input_downcast=None, mode=None, profile=None,
    )
```

现已使用 allow_input_downcast 特性将数据从 float64 转换为 float32、int64 转换为 int32 等。由于在优化和调试阶段会出现，还显示了 mode 和 profile 特性。

一个 Theano 函数的输入变量应包含在列表中，即使只是一个单输入变量。

对于输出，可以通过列表在多个输出情况下并行计算：

```
>>> a = T.matrix()

>>> ex = theano.function([a],[T.exp(a),T.log(a),a**2])

>>> ex(numpy.random.randn(3,3).astype(theano.config.floatX))
[array([[ 2.33447003,  0.30287042,  0.63557744],
       [ 0.18511547,  1.34327984,  0.42203984],
       [ 0.87083125,  5.01169062,  6.88732481]], dtype=float32),
array([[-0.16512829,         nan,         nan],
       [        nan, -1.2203927 ,         nan],
       [        nan,  0.47733498,  0.65735561]], dtype=float32),
array([[ 0.71873927,  1.42671108,  0.20540957],
       [ 2.84521151,  0.08709242,  0.74417454],
       [ 0.01912885,  2.59781313,  3.72367549]], dtype=float32)]
```

第二个非常有用的特性是 updates 属性，用于在确定表达式后将新值设置为共享变量：

```
>>> w = shared(1.0)

>>> x = T.scalar('x')

>>> mul = theano.function([x],updates=[(w,w*x)])

>>> mul(4)
[]

>>> w.get_value()
array(4.0)
```

这种机制可作为一个内部状态来使用。共享变量 w 在函数之外进行定义。

利用 givens 参数可更改计算图中任意符号变量的值而不改变计算图。然后，在所有其他表达式中使用新值。

Theano 的最后一个也是最重要的特征是自动微分，这意味着 Theano 可计算上述所有张量算子的导数。这是通过 theano.grad 算子来实现微分计算的。

```
>>> a = T.scalar()

>>> pow = a ** 2

>>> g = theano.grad(pow,a)

>>> theano.printing.pydotprint(g)

>>> theano.printing.pydotprint(theano.function([a],g))
```

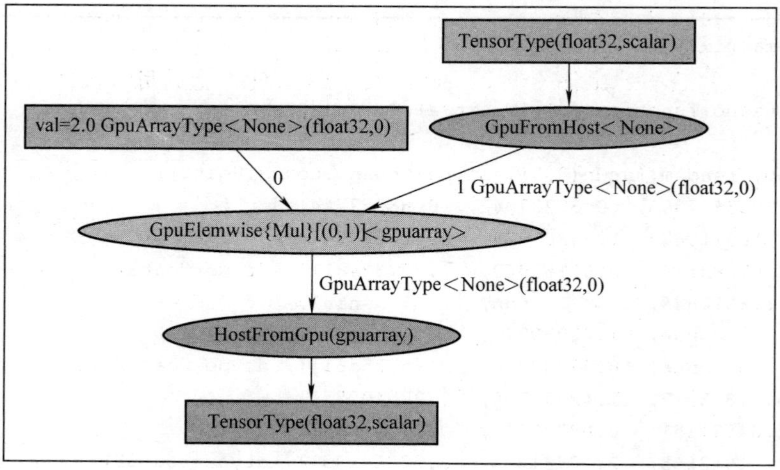


在优化计算图中，theano.grad 计算相对于 a 的梯度 $a^2$，这是相当于 2 * a 的符号表达式。

> 只能取标量梯度，但 wrt 变量可以是任意张量。

## 1.8 符号计算中的循环运算

Python 中的 for 循环可在符号计算图之外作为一个普通的 Python 程序来使用。但在计算图外部，不会编译普通的 Python for 循环，因此不会通过利用并行和代数库进行优化，也不能实现自动微分，如果 GPU 的计算子图已优化，还会产生大量的数据传输成本。

这就是设计符号算子 T.scan 来创建一个 for 循环以作为计算图中一个运算算子的原因。Theano 会在计算图结构中展开循环，而整个展开后的循环将在目标架构上编译，并作为一部分计算图。具体如下：

```
def scan(fn,
         sequences=None,
         outputs_info=None,
         non_sequences=None,
         n_steps=None,
```

```
            truncate_gradient=-1,
            go_backwards=False,
            mode=None,
            name=None,
            profile=False,
            allow_gc=None,
            strict=False)
```

scan算子对于实现数组循环、约简、映射、多维微分（如Jocobian矩阵或Hessian矩阵）和递归运算非常有用。

Scan 算子重复执行 fn 函数 n_steps 次。如果 n_steps 为 None，则算子得到序列长度：

> fn 函数是一个构建符号计算图的函数，该函数只能调用一次。然而，该计算图可编译成 Theano 的另一个可重复调用的函数。有些用户尝试将编译的 Theano 函数作为 fn，但这不可能实现。

序列是循环输入变量的列表。循环次数将对应于列表中的最短序列。如下所示：

```
>>> a = T.matrix()

>>> b = T.matrix()

>>> def fn(x): return x + 1

>>> results, updates = theano.scan(fn, sequences=a)

>>> f = theano.function([a], results, updates=updates)

>>> f(numpy.ones((2,3)).astype(theano.config.floatX))

array([[ 2.,  2.,  2.],
       [ 2.,  2.,  2.]], dtype=float32)
```

Scan 算子对输入张量 a 中的所有元素执行函数，并保持与输入张量（2,3）相同的形状。

> 实际应用中，最好是增加由 theano.function 中的 theano.scan 返回的更新值，即使这些更新值均为空。

fn 函数的参数可能比较复杂。T.scan 可在每一步中以参数列表调用 fn 函数，命令如下：

```
fn( sequences (if any), prior results (if needed), non-sequences (if
any) )
```

如下图所示，3 个箭头指向 fn 函数，并表示循环中每一时间步长处的 3 种可能输入类型：

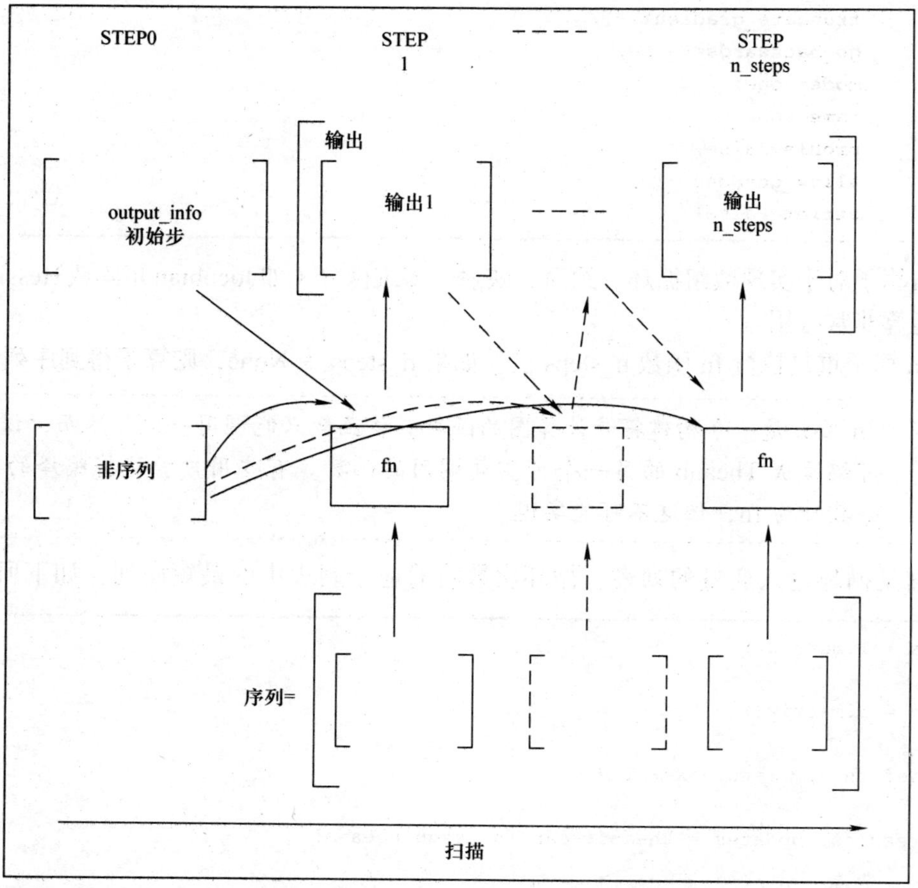


如果需要指定，outputs_info 参数是指启动递归的初始状态。虽然参数名称可能会误解，但初始状态确实会给出最终状态的形状信息，以及所有其他状态。初始状态可看作第一个输出。最终的输出将是一个状态数组。

例如，要计算一个向量的累积和，且初始状态为在 0 处的和，可利用以下代码实现：

```
>>> a = T.vector()

>>> s0 = T.scalar("s0")

>>> def fn( current_element, prior ):
...   return prior + current_element

>>> results, updates = theano.scan(fn=fn,outputs_info=s0,sequences=a)

>>> f = theano.function([a,s0], results, updates=updates)

>>> f([0,3,5],0)
array([ 0.,  3.,  8.], dtype=float32)
```

在设置 outputs_info 时，outputs_info 和序列变量的第一个维度是时间步长。第二个维度是每个时间步长处的数据维度。

特别是，outputs_info 具有第一步所需的前几个时间步长。

在此，给出一个相同示例，只是输入数据是每个时间步长处的一个向量，而不是标量：

```
>>> a = T.matrix()

>>> s0 = T.scalar("s0")

>>> def fn( current_element, prior ):
...   return prior + current_element.sum()

>>> results, updates = theano.scan(fn=fn,outputs_info=s0,sequences=a)

>>> f = theano.function([a,s0], results, updates=updates)

>>> f(numpy.ones((20,5)).astype(theano.config.floatX),0)
array([   5.,   10.,   15.,   20.,   25.,   30.,   35.,   40.,   45.,
         50.,   55.,   60.,   65.,   70.,   75.,   80.,   85.,   90.,
         95.,  100.], dtype=float32)
```

沿横轴（时间）运行 20 次可得到所有元素的累积和。注意，由 outputs_info 参数给定的初始状态（在此为 0）不在输出序列中。

递归函数 fn 可以提供一些与循环步骤无关的固定数据，这要归功于 non_sequences 扫描参数：

```
>>> a = T.vector()

>>> s0 = T.scalar("s0")

>>> def fn( current_element, prior, non_seq ):
...   return non_seq * prior + current_element

>>> results, updates = theano.scan(fn=fn,n_steps=10,sequences=a,outputs_info=T.
constant(0.0),non_sequences=s0)

>>> f = theano.function([a,s0], results, updates=updates)

>>> f(numpy.ones((20)).astype(theano.),5)
array([  1.00000000e+00,   6.00000000e+00,   3.10000000e+01,
         1.56000000e+02,   7.81000000e+02,   3.90600000e+03,
         1.95310000e+04,   9.76560000e+04,   4.88281000e+05,
         2.44140600e+06], dtype=float32)
```

这是将之前的值乘以 5 并增加新值。

在 GPU 优化计算图中的 T.scan 并未并行执行循环的不同迭代次数，即使是在非递归情况下。

## 1.9 配置、分析和调试

为了调试目的，Theano 可以打印输出更详细的信息和提供不同的优化模式：

```
>>> theano.config.exception_verbosity='high'

>>> theano.config.mode
'Mode'

>>> theano.config.optimizer='fast_compile'
```

为了在 Theano 中使用 config.optimizer 值，必须设置模式为 Mode，否则将使用 config.mode 值：

| config.mode / 函数模式 | config.optimizer (*) | 描述 |
|---|---|---|
| FAST_RUN | fast_run | 默认；运行性能最佳、编译过程慢 |
| FAST_RUN | None | 禁用优化 |
| FAST_COMPILE | fast_compile | 减少优化次数，加快编译速度 |
| None | | 采用默认模式，相当于 FAST_RUN;optimizer=None |
| NanGuardMode | | NaNs、Infs 和异常大的值都会产生错误 |
| DebugMode | | 编译过程中自检查和判断 |

config.mode 中的相同参数可用于函数编译的 Mode 参数中：

```
>>> f = theano.function([a,s0], results, updates=updates, mode='FAST_COMPILE')
```

禁用优化和选择更多信息会有助于发现计算图中的错误。

为了在 GPU 上进行调试，需要设置一个同步执行环境变量 CUDA_LAUNCH_BLOCKING，这是因为 GPU 是默认完全异步执行：

```
CUDA_LAUNCH_BLOCKING=1 python
```

为了确定计算图中的延迟原因，Theano 提供了一种分析模式。

启动分析：

```
>>> theano.config.profile=True
```

启动内存分析：

```
>>> theano.config.profile_memory=True
```

启动优化阶段分析：

```
>>> theano.config.profile_optimizer=True
```

或在编译时直接分析：

```
>>> f = theano.function([a,s0], results, profile=True)

>>> f.profile.summary()
Function profiling
==================
  Message: <stdin>:1
  Time in 1 calls to Function.__call__: 1.490116e-03s
  Time in Function.fn.__call__: 1.251936e-03s (84.016%)
  Time in thunks: 1.203537e-03s (80.768%)
  Total compile time: 1.720619e-01s
    Number of Apply nodes: 14
    Theano Optimizer time: 1.382768e-01s
       Theano validate time: 1.308680e-03s
    Theano Linker time (includes C, CUDA code generation/compiling): 2.405691e-02s
       Import time 1.272917e-03s
       Node make_thunk time 2.329803e-02s

Time in all call to theano.grad() 0.000000e+00s
Time since theano import 520.661s
Class
---
<% time> <sum %> <apply time> <time per call> <type> <#call> <#apply> <Class name>
  58.2%    58.2%       0.001s       7.00e-04s     Py       1       1   theano.scan_
module.scan_op.Scan
   27.3%    85.4%       0.000s       1.64e-04s     Py       2       2    theano.
sandbox.cuda.basic_ops.GpuFromHost
     6.1%    91.5%       0.000s       7.30e-05s     Py       1       1    theano.
sandbox.cuda.basic_ops.HostFromGpu
     5.5%    97.0%       0.000s       6.60e-05s     C        1       1    theano.
sandbox.cuda.basic_ops.GpuIncSubtensor
     1.1%    98.0%       0.000s       3.22e-06s     C        4       4    theano.
tensor.elemwise.Elemwise
     0.7%    98.8%       0.000s       8.82e-06s     C        1       1    theano.
sandbox.cuda.basic_ops.GpuSubtensor
     0.7%    99.4%       0.000s       7.87e-06s     C        1       1    theano.
sandbox.cuda.basic_ops.GpuAllocEmpty
     0.3%    99.7%       0.000s       3.81e-06s     C        1       1    theano.
compile.ops.Shape_i
     0.3%   100.0%       0.000s       1.55e-06s     C        2       2    theano.
tensor.basic.ScalarFromTensor
```

```
    ... (remaining 0 Classes account for   0.00%(0.00s) of the runtime)

  Ops
  ---
  <% time> <sum %> <apply time> <time per call> <type> <#call> <#apply> <Op name>
    58.2%     58.2%       0.001s       7.00e-04s      Py        1          1   forall_
inplace,gpu,scan_fn}
    27.3%    85.4%      0.000s      1.64e-04s     Py        2        2   GpuFromHost
     6.1%    91.5%      0.000s      7.30e-05s     Py        1        1   HostFromGpu
      5.5%     97.0%         0.000s          6.60e-05s       C           1           1
GpuIncSubtensor{InplaceSet;:int64:}
      0.7%     97.7%         0.000s          8.82e-06s       C           1           1
GpuSubtensor{int64:int64:int16}
      0.7%     98.4%         0.000s          7.87e-06s       C           1           1
GpuAllocEmpty
      0.3%     98.7%         0.000s          4.05e-06s       C           1           1
Elemwise{switch,no_inplace}
      0.3%     99.0%         0.000s          4.05e-06s       C           1           1
Elemwise{le,no_inplace}
     0.3%    99.3%      0.000s      3.81e-06s     C         1        1   Shape_i{0}
      0.3%     99.6%         0.000s          1.55e-06s       C           2           2
ScalarFromTensor
      0.2%     99.8%         0.000s          2.86e-06s       C           1           1
Elemwise{Composite{Switch(LT(i0, i1), i0, i1)}}
      0.2%    100.0%        0.000s          1.91e-06s       C           1           1
Elemwise{Composite{Switch(i0, i1, minimum(i2, i3))}}[(0, 2)]
    ... (remaining 0 Ops account for   0.00%(0.00s) of the runtime)

  Apply
  ------
  <% time> <sum %> <apply time> <time per call> <#call> <id> <Apply name>
    58.2%    58.2%      0.001s      7.00e-04s      1     12    forall_inplace,gpu,scan_
fn}(TensorConstant{10}, GpuSubtensor{int64:int64:int16}.0, GpuIncSubtensor{InplaceSet;:i
nt64:}.0, GpuFromHost.0)
   21.9%    80.1%      0.000s      2.64e-04s      1     3    GpuFromHost(<TensorType(flo
at32, vector)>)
     6.1%    86.2%      0.000s       7.30e-05s      1     13     HostFromGpu(forall_
inplace,gpu,scan_fn}.0)
    5.5%    91.6%     0.000s     6.60e-05s     1     4    GpuIncSubtensor{InplaceSet;
:int64:}(GpuAllocEmpty.0, CudaNdarrayConstant{[ 0.]}, Constant{1})
    5.3%    97.0%     0.000s     6.41e-05s     1     0    GpuFromHost(s0)
     0.7%      97.7%        0.000s          8.82e-06s          1       11
GpuSubtensor{int64:int64:int16}(GpuFromHost.0, ScalarFromTensor.0, ScalarFromTensor.0,
Constant{1})
    0.7%    98.4%      0.000s      7.87e-06s      1     1    GpuAllocEmpty(TensorConsta
nt{10})
    0.3%    98.7%     0.000s     4.05e-06s     1     8    Elemwise{switch,no_inplace}
(Elemwise{le,no_inplace}.0, TensorConstant{0}, TensorConstant{0})
    0.3%    99.0%     0.000s     4.05e-06s     1     6    Elemwise{le,no_inplace}(Ele
```

```
mwise{Composite{Switch(LT(i0, i1), i0, i1)}}.0, TensorConstant{0})
         0.3%     99.3%          0.000s          3.81e-06s        1       2     Shape_i{0}
(<TensorType(float32, vector)>)
       0.3%     99.6%        0.000s         3.10e-06s       1     10   ScalarFromTensor(Elemwise{s
witch,no_inplace}.0)
       0.2%     99.8%        0.000s         2.86e-06s       1      5   Elemwise{Composite{Switch(L
T(i0, i1), i0, i1)}}(TensorConstant{10}, Shape_i{0}.0)
       0.2%    100.0%        0.000s        1.91e-06s       1      7   Elemwise{Composite{Switch(i0,
i1, minimum(i2, i3))}}[(0, 2)](Elemwise{le,no_inplace}.0, TensorConstant{0}, Elemwise{Compos
ite{Switch(LT(i0, i1), i0, i1)}}.0, Shape_i{0}.0)
       0.0%    100.0%        0.000s         0.00e+00s       1      9   ScalarFromTensor(Elemwise{C
omposite{Switch(i0, i1, minimum(i2, i3))}}[(0, 2)].0)
       ... (remaining 0 Apply instances account for 0.00%(0.00s) of the runtime)
```

## 1.10 小结

本章的第一个概念是符号计算，主要是用于构建计算图，可进行编译，并然后决定在 Python 代码中的何处执行。编译的计算图可作为在代码中任何地方都可以调用的函数。符号计算的目的是对所执行计算图的架构的一种抽象，并确定采用哪个库来进行编译。如上所述，符号变量是用于编译过程中的目标体系结构。

第二个概念是张量以及张量运算的相关算子。其中大部分已在基于 CPU 的计算库中提供，如 NumPy 或 SciPy 库。这些算子只是移植到符号计算，且需在 GPU 上等价。主要使用底层加速库，如 BLAS、Nvidia Cuda 和 cuDNN。

最后介绍的一个 Theano 相关概念是自动微分——这是对于深度学习中反向误差传播和调节权重梯度（称为梯度下降过程）非常有用的功能。此外，scan 算子允许在 GPU 上执行循环程序 (while...，for...，)，并和其他算子一样，可通过反向传播简化模型训练。

现在，已准备好应用于接下来内容中的深度学习，并在实践中深入理解这些知识。

# 第 2 章 基于前馈神经网络的手写体数字分类

第 1 章介绍了作为计算引擎的 Theano 及其不同功能和特点。在此基础上，将通过一个示例来介绍深度学习的一些主要概念，构建 3 种神经网络，并对其进行训练以解决手写体数字分类问题。

深度学习是机器学习的一个研究领域，其中各个模块层相互层叠。本章介绍一种简单的单层线性模型，然后在其上增加第二层来创建一个**多层感知器（MLP）**，最后通过多个卷积层来创建卷积神经网络（CNN）。

同时，本章还面向不熟悉数据科学的读者介绍了机器学习的基本概念，如过拟合、验证和损失分析：

- 较小图像的分类；
- 手写体数字识别；
- 神经网络的层设计；
- 经典目标 / 损失函数设计；
- 具有随机梯度下降的反向传播；
- 用于验证的数据集训练；
- 卷积神经网络；
- 数字分类的最新成果。

## 2.1 MNIST 数据集

**美国国家标准与技术研究所改进（MNIST）数据集**是一个用于训练和测试分类模型的非常著名的手写体数字数据集 {0,1,2,3,4,5,6,7,8,9}。

分类模型是指在给定输入下预测所观察类的概率的模型。

训练是一种参数学习任务，以使得模型适合于数据，并可以对任何输入图像预测正确的标签。对于该训练任务，MNIST 数据集中包含了 60000 幅图像，并对每个示例具有目标标签（0~9 之间的数字）。

为验证训练是否有效并决定何时停止训练，通常将训练数据集分为两个数据集：80% ~ 90% 的图像用于训练；剩余的 10% ~ 20% 的图像没有用于训练算法，而是验证该模型是否可推广到未观察的数据。

另外，还有一个在训练过程中从未经历过算法的独立数据集，称为测试集，是由 MNIST 数据集中的 10 000 幅图像组成的。

在 MNIST 数据集中，每个示例的输入数据是 28 × 28 的标准化单色图像以及由 0~9 之间简单整数表示的标签。现在，展示其中的一些图像：

1）首先，下载数据集的封装版本，以便更容易在 Python 中加载：

```
wget http://www.iro.umontreal.ca/~lisa/deep/data/mnist/mnist.pkl.gz
-P /sharedfiles
```

2）然后将数据加载到一个 Python 会话中：

```
import pickle, gzip
with gzip.open("/sharedfiles/mnist.pkl.gz", 'rb') as f:
   train_set, valid_set, test_set = pickle.load(f)
For Python3, we need pickle.load(f, encoding='latin1') due to the way it was
serialized.
train_set[0].shape
(50000, 784)

train_set[1].shape
(50000,)
import matplotlib

import numpy

import matplotlib.pyplot as plt

plt.rcParams['figure.figsize'] = (10, 10)

plt.rcParams['image.cmap'] = 'gray'

for i in range(9):
    plt.subplot(1,10,i+1)
    plt.imshow(train_set[0][i].reshape(28,28))
    plt.axis('off')
    plt.title(str(train_set[1][i]))

plt.show()
```

在此，显示了数据集的前 9 个样本及其相应的标签（实际值，即预期的分类算法正确答案）：

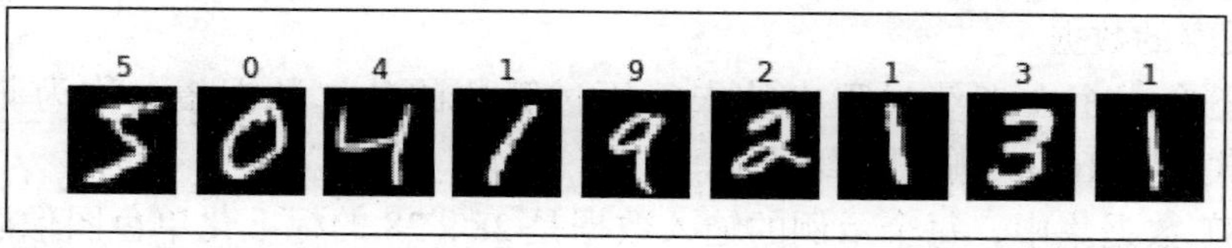

为了避免对 GPU 的过多传输，且由于完整数据集足够小以适应 GPU 的内存，通常将完整训练集置于共享变量中：

```
import theano
train_set_x = theano.shared(numpy.asarray(train_set[0], dtype=theano.config.floatX))
train_set_y = theano.shared(numpy.asarray(train_set[1], dtype='int32'))
```

尽管最近 GPU 的性能提高以及 PCIe 的快速连接，但为了避免这些数据传输，允许在 GPU 上更快训练。

有关数据集的更多信息可参见 http://yann.lecun.com/exdb/mnist/。

## 2.2 训练程序架构

训练程序架构通常包括以下步骤：

1）**脚本环境设置**：如封装包的导入、GPU 的使用等。

2）**数据加载**：在训练过程中访问数据的数据加载类通常是以随机顺序加载，以避免出现太多同类中的相似样本，但是在先是简单样本而后是复杂样本的课程学习情况下，有时会以精确顺序加载数据。

3）**数据预处理**：是指进行一系列转换，如在图像上交换维度，增加模糊或噪声。增加一些数据增强的转换是很常见的，如随机裁剪、比例、亮度或对比度抖动，可得到更多的样本，并减少数据过拟合的风险。如果模型中自由参数的个数对于训练数据集大小非常重要，那么该模型可能会从所提供的样本中学习。此外，如果数据集太小，且对相同数据迭代执行过多，则该模型可能变得只针对训练样本，而不能很好地推广到新的未知样本。

4）**模型构建**：根据持续变量（共享变量）中的参数来定义模型结构，以便在训练期间更新其值以适应训练数据。

5）**训练**：在完整数据集上进行整体训练或每个样本依次单个训练都有相应的不同算法。通常按批次进行训练可得到最佳收敛，一个批次是从几十到几百个样本所组成的一个小样本子集。

采用批处理的另一个原因是为了提高 GPU 的训练速度，这是因为单个数据传输的成本太高，且 GPU 内存也不足以保存整个数据集。GPU 是一个并行架构，因此处理一批样本通常比逐一处理样本更快。在一定程度上，同时观察更多样本会加快收敛 [ 即墙上时间（in wall-time）——进程运行时间 ]。即使 GPU 内存足够大，可保存整个数据集，也是如此：批大小递减通常会处理得越快，即处理较小的批要快于处理整个数据集。值得注意的是，对于目前最先进的 CPU 也是如此，只是优化的批大小通常较小。

> 一次迭代是指对一批的训练过程。一个周期（epochs）是指算法完成完整数据集所需的迭代次数。

6）在训练过程中，经过一定次数的迭代，通常需要使用一部分训练数据或未经学习的验证数据集进行**验证**。在验证数据集上计算训练损失。虽然算法目的是在给定训练数据下减少损失，但并不能保证对未知数据的泛化。验证数据是用于估计泛化性能的未知数据。在训练数据不具代表性，或是由于异常和未正确采样，或模型过拟合训练数据时，可能会缺乏泛化。

验证数据一切正常，且当验证损失不再减少时停止训练，即使训练损失可能会继续下降：不值得进一步训练，且可能会导致过拟合。

7）**保存模型参数**并显示结果，如用于收敛分析的最佳训练 / 验证损失值、训练损失曲线等。

在分类情况下，需计算训练过程的准确率（正确分类的百分比）或错误率（错误分类的百分比）以及损失。在训练结束时，混淆矩阵有助于评估分类器性能。

接下来，实际执行上述步骤，并在 Python Shell 中启动一个 Theano 会话：

```
from theano import theano
import theano.tensor as T
```

## 2.3 分类损失函数

损失函数是一个训练过程中最小化的目标函数，以获得最优模型。现有多种不同的损失函数。

在分类问题中，目标是从 $k$ 类中预测正确的类，由于需要测量各类的真实概率分布 $q$ 和预测概率分布 $p$ 之差，通常采用交叉熵：

$$\sum_{i=1}^{n}\sum_{c=1}^{k} q_i(c)\log p_i(c)$$

式中，$i$ 是数据集中的样本索引；$n$ 是数据集中的样本个数；$k$ 是类的个数。

尽管各类的实际概率 $q(c|x_i)$ 未知，但实际上可根据经验分布进行简单近似，即随机抽取数据集中的一个样本。同理，任何预测概率 $p$ 的交叉熵都可由经验交叉熵来近似：

$$\text{cross-entropy}(p)=\frac{1}{N}\sum_{i=1}^{N}\log p_i$$

式中，$p_i$ 是模型估计的样本 $x_i$ 正确分类的概率。

精度和交叉熵都是同一目标，但测量内容不同。精度是量测预测分类的正确程度，而交叉熵是测量概率之差。交叉熵减少表明预测正确分类的概率更高，但精度可能保持不变或下降。

精度是离散的且不可微的，而交叉熵损失则是可用于训练模型的一个可微函数。

## 2.4 单层线性模型

最简单的模型是线性模型，其中对于每个分类 $c$，输出是输入的线性组合：

$$o_c : x \to W_c x + b_c$$

且输出是无界的。

要得到和为 1 的概率分布 $p_i$，线性模型的输出可通过一个 softmax 函数：

$$\text{softmax}: \{o_c\}_c \to \left\{ \frac{e_c^o}{\sum_\varsigma e^\varsigma} \right\}_c$$

其中，对于一个输入 $x$，分类 $c$ 的估计概率可由向量表示：

$$p=\text{softmax}(Wx+b)$$

在 Python 实现中，具体如下：

```
batch_size = 600
n_in = 28 * 28
n_out = 10

x = T.matrix('x')
y = T.ivector('y')
W = theano.shared(
            value=numpy.zeros(
                (n_in, n_out),
                dtype=theano.config.floatX
            ),
            name='W',
            borrow=True
        )
b = theano.shared(
    value=numpy.zeros(
        (n_out,),
        dtype=theano.config.floatX
    ),
    name='b',
    borrow=True
)
model = T.nnet.softmax(T.dot(x, W) + b)
```

给定输入下的预测由最大可能分类（最大概率）确定：

```
y_pred = T.argmax(model, axis=1)
```

在单层线性模型中，信息从输入转移到输出：这称为**前馈网络**。给定输入下计算输出的过程称为**前向传播**。

该层是完全连接的，因为所有输出 $o_c$ 都是乘以相应系数的所有输入之和：

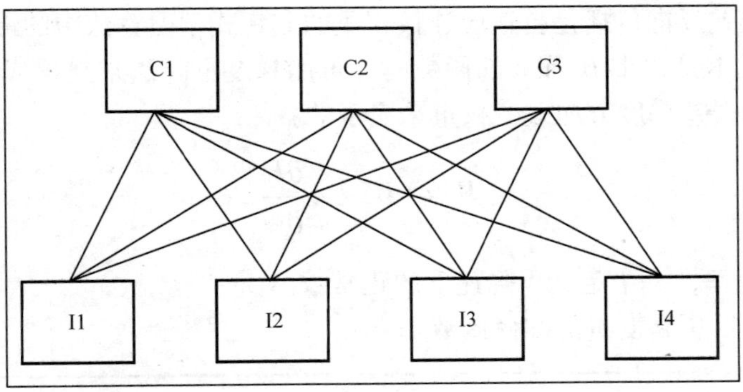


## 2.5 成本函数和误差

由模型给出预测概率的成本函数如下：

```
cost = -T.mean(T.log(model)[T.arange(y.shape[0]), y])
```

误差是指与实际分类不同的预测分类数除以总的个数，这可由均值表示：

```
error = T.mean(T.neq(y_pred, y))
```

相反，精度是对应于正确分类个数除以预测总数。误差和精度之和为 1。

对于其他类型的问题，其他损失函数及其实现见下表：

| | |
|---|---|
| **分类交叉熵**<br>上述的等效实现方法 | `T.nnet.categorical_crossentropy(model, y_true).mean()` |
| **二值交叉熵**<br>适用于输出只能取两种值 {0,1} 的情况<br>通常在预测概率的 sigmoid 激活函数之后使用 | `T.nnet.binary_crossentropy(model, y_true).mean()` |
| **均方误差**<br>回归问题的 L2 范数 | `T.sqr(model - y_true).mean()` |
| **绝对平均误差**<br>回归问题的 L1 范数 | `T.abs_(model - y_true).mean()` |
| **L1 平滑**<br>称为回归问题的离群损失 | `T.switch(`<br>`T.lt(T.abs_(model - y_true) , 1. / sigma),`<br>`0.5 * sigma * T.sqr(model - y_true),`<br>`T.abs_(model - y_true) - 0.5 / sigma )`<br>`.sum(axis=1).mean()` |
| **方铰链损失**<br>特别用于非监督式问题 | `T.sqr(T.maximum(1. - y_true * model, 0.)).mean()` |
| **铰链损失** | `T.maximum(1. - y_true * model, 0.).mean()` |

## 2.6 反向传播算法和随机梯度下降

反向传播或误差反向传播是自适应连接权重的监督式学习算法中的最常用方法。

考虑误差或成本是权重 $W$ 和 $b$ 的函数时，可用梯度下降法来逼近成本函数的局部极小值，这主要是沿负误差梯度方向改变权重来实现的：

$$W \leftarrow W - \lambda \frac{\partial E}{\partial w}$$

式中，$\lambda$ 是学习速率，一个定义下降速度的正常数。

每次前馈运行后更新变量的编译函数如下：

```
g_W = T.grad(cost=cost, wrt=W)
g_b = T.grad(cost=cost, wrt=b)

learning_rate=0.13
index = T.lscalar()

train_model = theano.function(
    inputs=[index],
    outputs=[cost,error],
    updates=[(W, W - learning_rate * g_W),(b, b - learning_rate * g_b)],
    givens={
        x: train_set_x[index * batch_size: (index + 1) * batch_size],
        y: train_set_y[index * batch_size: (index + 1) * batch_size]
    }
)
```

输入变量是批的索引，这是因为所有数据集都是在共享变量中一次传输给 GPU 的。

训练主要是每个样本迭代赋予模型（迭代）并重复执行多次（周期）：

```
n_epochs = 1000
print_every = 1000

n_train_batches = train_set[0].shape[0] // batch_size
n_iters = n_epochs * n_train_batches
train_loss = np.zeros(n_iters)
train_error = npzeros(n_iters)
for epoch in range(n_epochs):
    for minibatch_index in range(n_train_batches):
        iteration = minibatch_index + n_train_batches * epoch
           train_loss[iteration], train_error[iteration] = train_model(minibatch_
index)
        if (epoch * train_set[0].shape[0] + minibatch_index) % print_every == 0 :
            print('epoch {}, minibatch {}/{}, training error {:02.2f} %, training
loss {}'.format(
                epoch,
```

```
            minibatch_index + 1,
            n_train_batches,
            train_error[iteration] * 100,
            train_loss[iteration]
        ))
```

尽管这只是给出了一个小批量的损失和误差，但对于整个数据集的平均值也不错。

在第一次迭代中误差率快速下降，然后逐渐减慢。

在 GPU 为 GeForce GTX 980M 的笔记本计算机上执行时间为 67.3s。而在 Intel i7 CPU 上，执行时间则为 3min7s。

经过一段时间后，模型收敛到 5.3%~5.5% 的误差率，且迭代次数更多，误差率会进一步减小，但同时也会导致过拟合。过拟合是指模型能够很好地拟合训练数据但对于未知数据却无法得到同样的误差率。

在这种情况下，模型是过于简单而只能拟合这些数据。

太简单的模型学习性能不佳。深度学习的原理是增加更多的层，即增加深度，由此构建更深度的网络来获得更好的精度。

下一节将讨论如何更好地估计模型精度以及结束训练。

## 2.7 多层模型

**多层感知器（MLP）**是一种多层前馈网络。在上例中增加第二个线性层（称为隐层）：

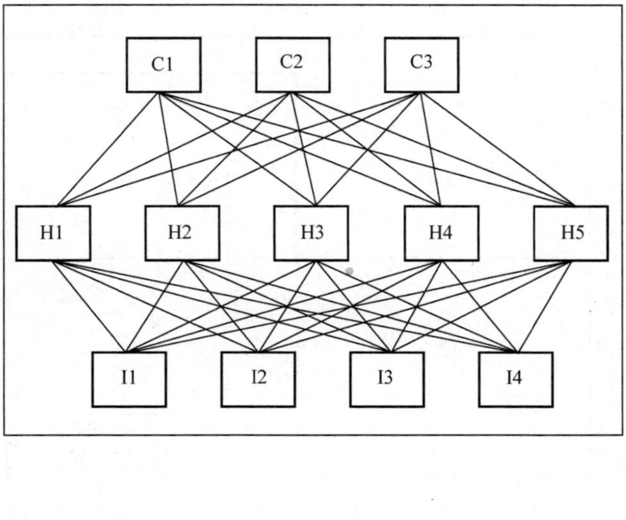


具有两个相互呈线性关系的层相当于是一个单线性层。

在具有非线性函数或线性之间存在非线性或传递函数时，该模型不能再简化为一个线性模型，并能表征更多可能的函数以获取数据中的更复杂模式：

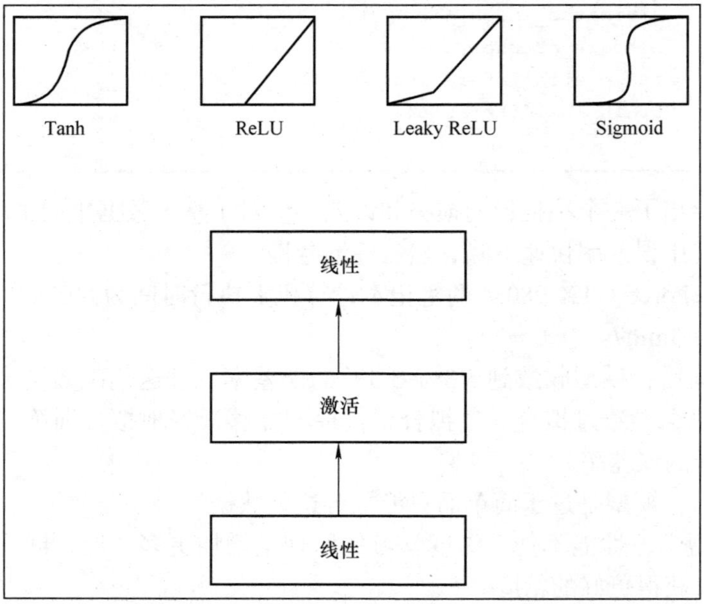


激活函数有助于饱和（ON-OFF）和再现生物神经元的激活过程。

**修正线性单元（ReLU）**示意如下图所示：

(x + T.abs_(x)) / 2.0

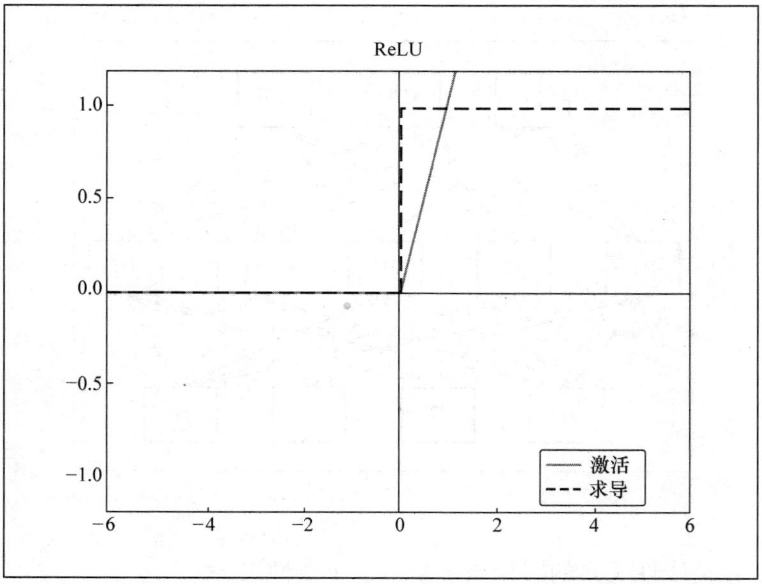


**泄露修正线性单元（Leaky ReLU）**示意如下图所示：

( (1 + leak) * x + (1 − leak) * T.abs_(x)) / 2.0

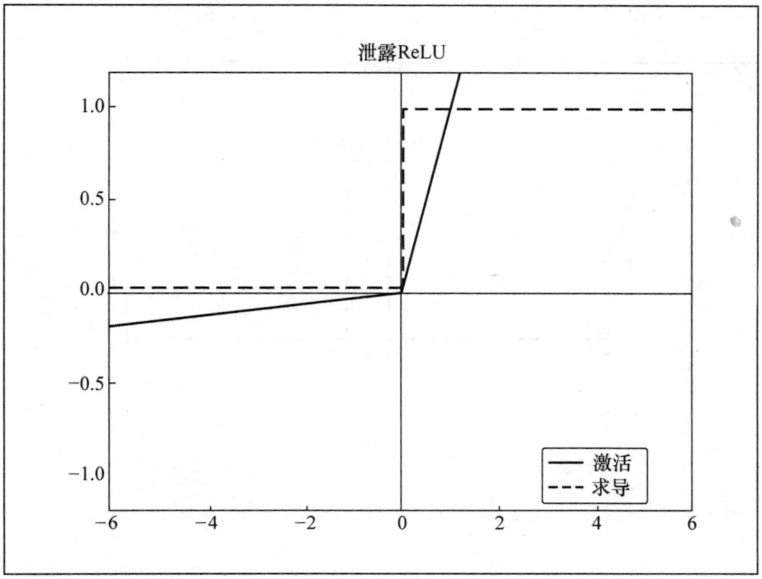


在此，leak 是定义负斜率的参数。在泄露修正器中，该参数是固定不变的。

记为 PReLU 的激活函数应考虑需学习的 leak 参数。

更一般地说，可通过增加一个包括 n_pool 最大输出激活单元的线性层来学习分段线性激活函数：

```
T.max([x[:, n::n_pool] for n in range(n_pool)], axis=0)
```

这将输出 n_pool 值或学习线性关系的单元：

Sigmoid（T.nnet.sigmoid）

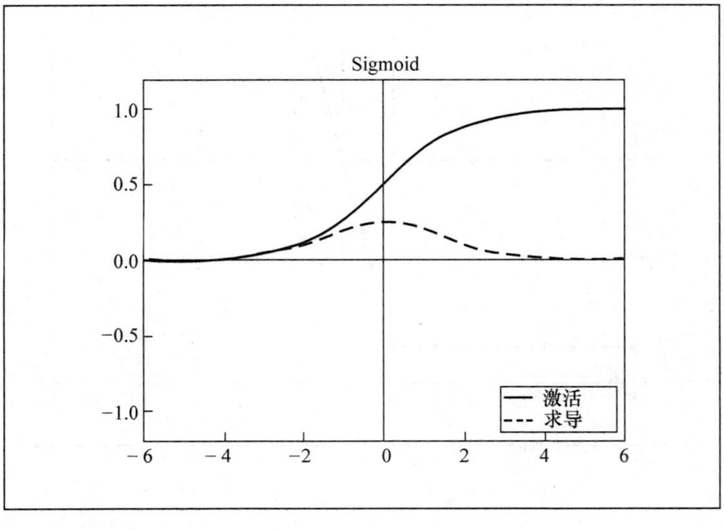


Hard Sigmoid 函数如下：

T.clip($X$ + 0.5, 0., 1.)

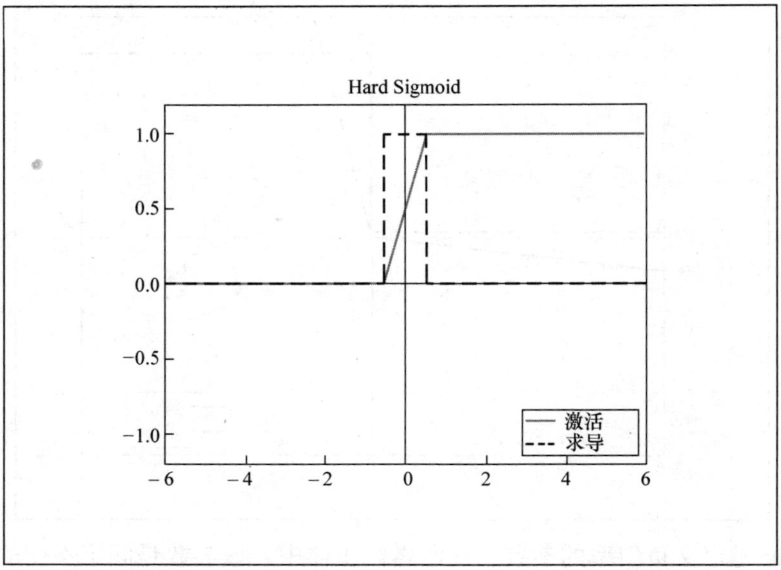


Hard Tanh 函数如下：

T.clip(*X*, −1., 1.)

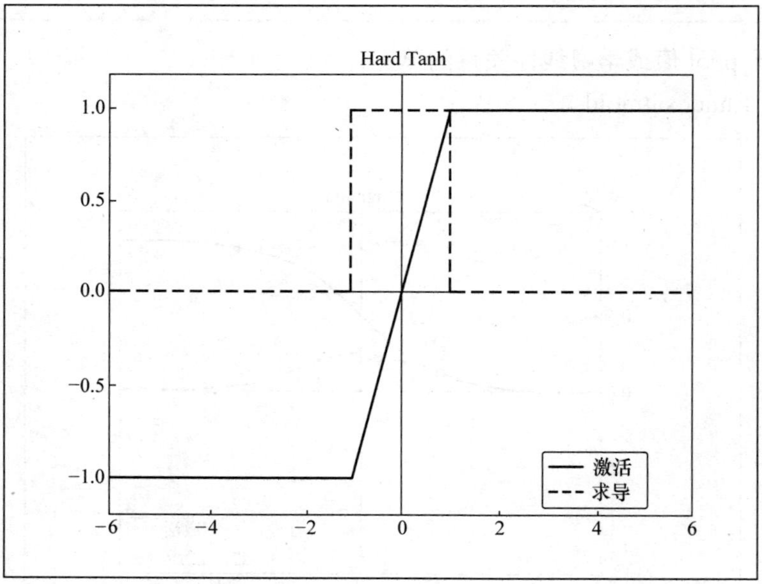


Tanh 函数如下：

T.tanh(*x*)

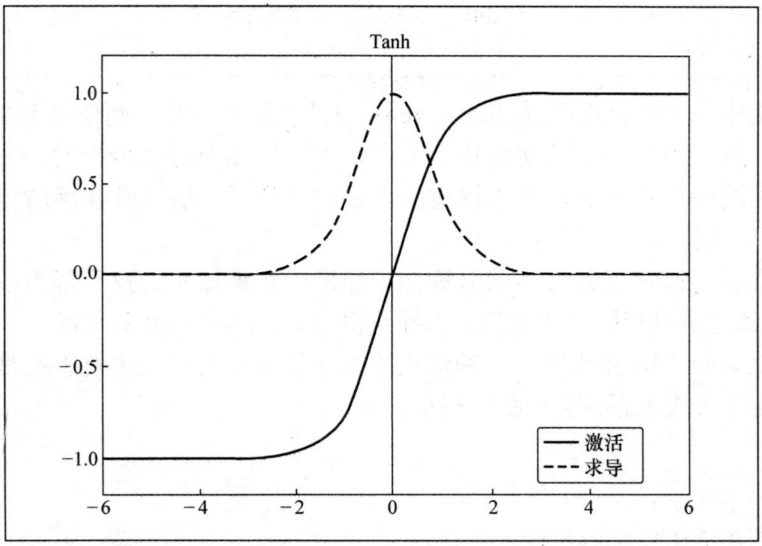


Python 编写的两层网络模型如下：

```
batch_size = 600
n_in = 28 * 28
n_hidden = 500
n_out = 10

def shared_zeros(shape, dtype=theano.config.floatX, name='', n=None):
    shape = shape if n is None else (n,) + shape
    return theano.shared(np.zeros(shape, dtype=dtype), name=name)

def shared_glorot_uniform(shape, dtype=theano.config.floatX, name='', n=None):
    if isinstance(shape, int):
        high = np.sqrt(6. / shape)
    else:
        high = np.sqrt(6. / (np.sum(shape[:2]) * np.prod(shape[2:])))
    shape = shape if n is None else (n,) + shape
    return theano.shared(np.asarray(
        np.random.uniform(
            low=-high,
            high=high,
            size=shape),
        dtype=dtype), name=name)

W1 = shared_glorot_uniform( (n_in, n_hidden), name='W1' )
b1 = shared_zeros( (n_hidden,), name='b1' )

hidden_output = T.tanh(T.dot(x, W1) + b1)

W2 = shared_zeros( (n_hidden, n_out), name='W2' )
b2 = shared_zeros( (n_out,), name='b2' )
```

```
model = T.nnet.softmax(T.dot(hidden_output, W2) + b2)
params = [W1,b1,W2,b2]
```

在深度网络中，如果权重通过 shared_zeros 方法初始化为零，则信号不会正确地经过网络从一端到另一端。如果权重的初始化值太大，则经过几个时间步长后，大多数激活函数饱和。因此，需要确保在传播过程中权重值能够传递到下一层以及在反向传播过程中权重梯度能传递到上一层。

另外，还需要打破神经元之间的对称性。如果所有神经元的权重都为零（或权重均相等），则神经元都完全以相同方式进化，而导致模型不会学习到更多内容。

研究人员 Xavier Glorot 研究了一种优化算法来初始化权重。主要思想是从零均值以及下列方差的高斯分布或正态分布中提取权重：

$$v = 2/\left(n_{\text{in}} + n_{\text{out}}\right)$$

上式中的变量如下：

- $n_{\text{in}}$ 是前馈传播中层接收的输入个数；
- $n_{\text{out}}$ 是反向传播中层收到的梯度个数。

在线性模型情况下，形状参数是一个元组，且 v 是简单的 numpy.sum(shape[: 2])（在此，numpy.prod(shape[2:]) 为 1）。

在 [-*a*,*a*] 上的正态分布方差为 *a***2/3，则边界 *a* 可计算如下：

$$\sqrt{\frac{6}{\left(n_{\text{in}} + n_{\text{out}}\right)}}$$

成本也可用同样的方式定义，只是需要调整梯度下降以能够处理参数列表 [W1,b1,W2,b2]：

```
g_params = T.grad(cost=cost, wrt = params)
```

训练循环需要一个训练更新函数：

```
learning_rate = 0.01
updates = [
        (param, param - learning_rate * gparam)
        for param, gparam in zip(params, g_params)
    ]

train_model = theano.function(
    inputs=[index],
    outputs=cost,
    updates=updates,
    givens={
        x: train_set_x[index * batch_size: (index + 1) * batch_size],
        y: train_set_y[index * batch_size: (index + 1) * batch_size]
    }
)
```

在这种情况下，学习速率对于网络而言是全局变量，所有权重都以相同速率更新。学习速率设置为 0.01 而不是 0.13。在训练小节中将介绍超参数调整问题。

训练循环保持不变。在 2-multi.py 文件中提供了完整代码。

GPU 上的执行时间为 5min55s，而 CPU 上的执行时间为 51min36s。

经过 1000 次迭代，误差降低到 2%，这比之前 5% 的误差率提高了很多，其中一部分原因可能是因为过拟合。稍后将比较不同模型。

## 2.8 卷积层和最大池化层

随着卷积层的提出，对于 MNIST 数据库的图像分类取得了重大改进：

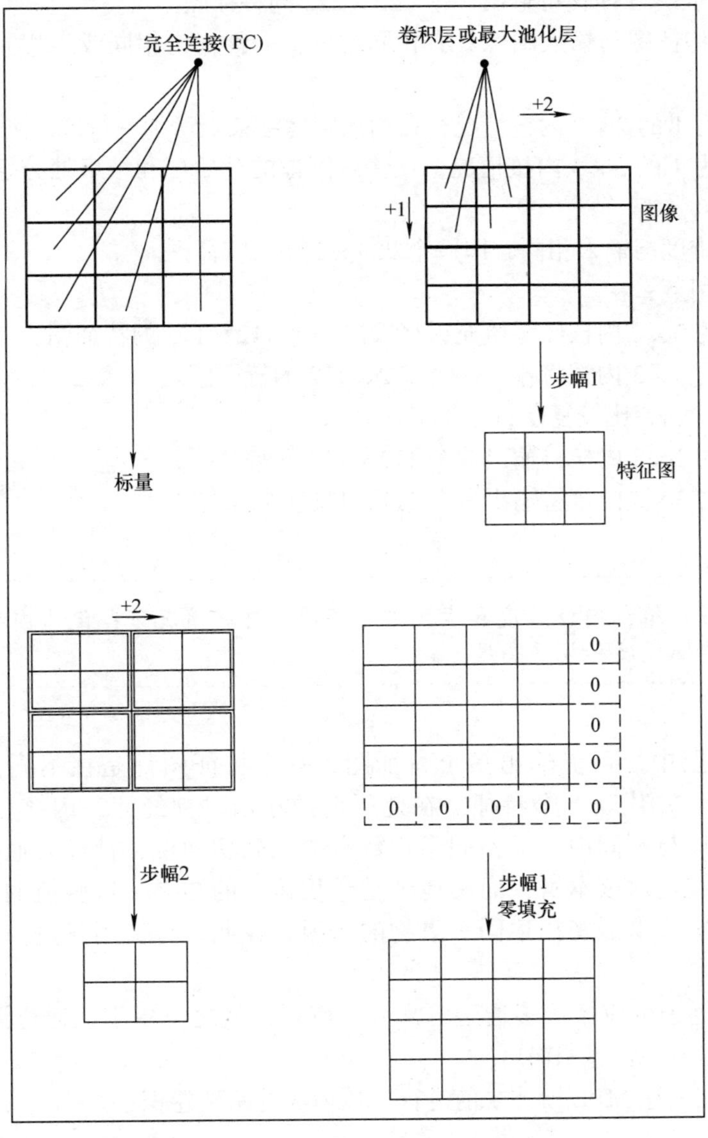

之前的完全连接层是对所有输入值（图像情况下为像素）进行计算，而 2D 卷积层只针对每个输出单元考虑 2D 输入图像中的一小块或一个窗口或 $N \times N$ 像素的感受野。块的大小记为内核维度，$N$ 为内核大小，系数 / 参数称为内核。

在输入图像的每个位置，内核产生一个标量，且所有位置值都会产生一个矩阵（2D 张量），称为特征图。卷积计算输入图像的内核，作为一个滑动窗口，来创建一个新的输出图像。内核步幅定义了在图像上移动块 / 窗口的像素个数：步幅为 2，则每 2 个像素卷积计算一次内核。

例如，在一个 224 × 224 的输入图像中，可得：

- 步幅为 1 的 2 × 2 内核可输出一个 223 × 223 的特征图；
- 步幅为 1 的 3 × 3 内核可输出一个 222 × 222 的特征图。

为保证输出特征图与输入图像具有相同维度，一种称为相同或半相同的零填充形式能够使得：

- 对于步幅为 1 的 2 × 2 内核情况，在输入图像结束处增加一行或一列零；
- 对于步幅为 1 的 3 × 3 内核情况，在输入图像的开始处和结束处分别垂直和水平增加一行或一列零。

由此，输出维度与输入相同，即一个 224 × 224 的特征图。

在零填充作用下：

- 步幅为 2 的 2 × 2 内核经零填充后将输出一个 112 × 112 的特征图；
- 步幅为 2 的 3 × 3 内核将输出一个 112 × 112 的特征图。

若无零填充，则会比较复杂：

- 步幅为 2 的 2 × 2 内核将输出一个 112 × 112 的特征图；
- 步幅为 2 的 3 × 3 内核将输出一个 111 × 111 的特征图。

> 对于每一维，内核维度和步幅都可不同。这种情况下，记为内核宽度、内核高度、步幅宽度和步幅高度。

在一个卷积层中，可能输出多个特征图，每个特征图都是在不同内核（和内核权重）下计算而得，并代表一个特征。在此所谓的输出、神经元、内核、特征、特征图、单元或输出通道均与不同内核下不同卷积数有关。确切地说，神经元通常是指特征图中的特定位置。内核是内核本身，而其他则是卷积运算的结果。这些值的个数相同，这就是为什么经常用这些术语来描述同一事物的原因。在此，将使用通道、输出和特征这几个术语。

常用的卷积算子可应用于多通道输入。这就可以使之应用于三通道图像（如 RGB 图像）或能够链接的另一种卷积输出。

接下来分析在上述 MPL 模式之前进行内核为 5 的两种卷积：

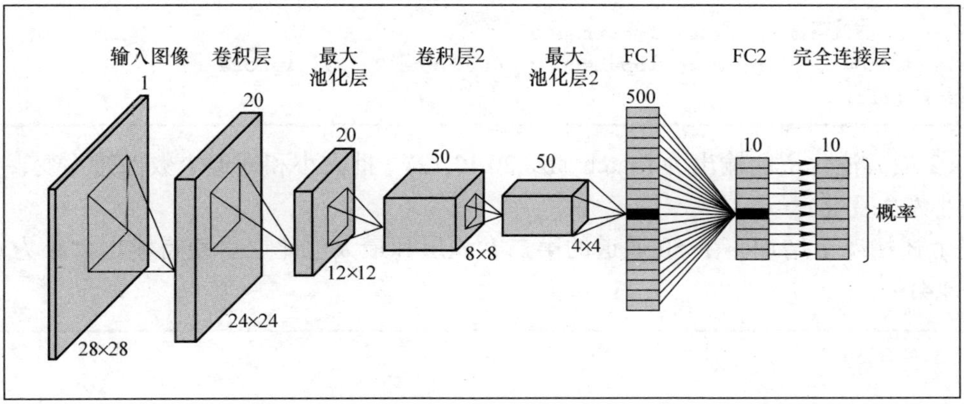


二维卷积算子需要四维张量输入。第一个维度是批大小，第二个维度是输入或输入通道个数（“通道第一格式”），第三个和第四个维度是特征图的两个维度（“通道最后格式”，通道为最后一个维度）。存储在一个一维向量中的 MNIST 灰度图像（一个通道）需转换成一个 28 × 28 的矩阵，其中 28 是指图像高度和宽度：

```
layer0_input = x.reshape((batch_size, 1, 28, 28))
```

然后，在转换后的输入上增加一个 20 通道的第一卷积层，可得：

```
from theano.tensor.nnet import conv2d

n_conv1 = 20

W1 = shared_glorot_uniform( (n_conv1, 1, 5, 5) )

conv1_out = conv2d(
    input=layer0_input,
    filters=W1,
    filter_shape=(n_conv1, 1, 5, 5),
    input_shape=(batch_size, 1, 28, 28)
)
```

在这种情况下，Xavier 初始化（以提出该方法的 Xavier Glorot 名字命名）是将内核参数个数乘以输入 / 输出通道个数，即 numpy.prod(shape[2:]) = 5 × 5 = 25，来得到初始化公式中总的输入 / 输出梯度个数。

对于 28 × 28 的输入，大小为 5 × 5 步幅为 1 的 20 个内核将产生 20 个大小为 24 × 24 的特征图。因此，第一卷积层输出为 (batch_size,20,24,24)。

性能最佳的网络会利用最大池化层来增强转换不变性和抗噪稳定性。最大池化层在滑动窗口 / 块上执行最大值操作来保证每块只有一个值输出。同时还能提高运算速度性能、减小特征图大小以及降低总的计算复杂度和训练时间：

```
from theano.tensor.signal import pool
pooled_out = pool.pool_2d(input=conv1_out, ws=(2, 2), ignore_
border=True)
```

2×2 最大池化层的输出为 (batch_size,20,12,12)。批大小和通道个数保持不变，只有特征图大小发生变化。

在上述情况下增加一个 50 通道的第二卷积层和最大池化层可使得输出大小为 (batch_size,50,4,4)：

```
n_conv2 = 50

W2 = shared_glorot_uniform( (n_conv2, n_conv1, 5, 5) )

conv2_out = conv2d(
    input=pooled_out,
    filters=W2,
    filter_shape=(n_conv2, n_conv1, 5, 5),
    input_shape=(batch_size, n_conv1, 12, 12)
)

pooled2_out = pool.pool_2d(input=conv2_out, ds=(2, 2),ignore_border=True)
```

为创建一个分类器，将 MLP 与如上所述的两个完全连接线性层和一个 softmax 相连：

```
hidden_input = pooled2_out.flatten(2)

n_hidden = 500

W3 = shared_zeros( (n_conv2 * 4 * 4, n_hidden), name='W3' )
b3 = shared_zeros( (n_hidden,), name='b3' )

hidden_output = T.tanh(T.dot(hidden_input, W3) + b3)

n_out = 10

W4 = shared_zeros( (n_hidden, n_out), name='W4' )
b4 = shared_zeros( (n_out,), name='b4' )

model = T.nnet.softmax(T.dot(hidden_output, W4) + b4)
params = [W1,W2,W3,b3,W4,b4]
```

这种模型称为**卷积神经网络（CNN）**。

在 3-cnn.py 文件中提供了完整代码。

训练过程可能会非常慢，这是因为参数个数再次增加，这时采用 GPU 会更有优势：GPU 上总的训练时间增加到 1h 48min 27s；而 CPU 上的训练可能会需要几天时间。

经过几次迭代后训练误差为零，一部分原因可归结于过拟合。接下来，在下节讨论如何计算能更好地解释模型效率的测试损失和精度。

## 2.9 训练

为能够更好地度量模型在训练过程中对未知数据的性能，通常利用验证数据集来计算训练过程中的验证损失和精度。

验证数据集可用于选择最佳模型，而测试数据集只能用于获得模型的最终测试精度 / 误差。训练、测试和验证数据集都是离散数据集，且没有相同示例。验证数据集通常比测试数据集小 9/10，以便尽可能不影响训练过程。测试数据集通常约为训练数据集的 10%~20%。训练和验证数据集都属于训练程序中的一部分，前者用来学习，而后者用于在训练过程中选择适用于未知数据的最佳模型。

测试数据集完全是在训练过程之外，主要是用于得到从训练和模型选择中所产生模型的精度。

如果模型过拟合训练集，例如对相同图像训练多次，而验证和测试集不会受该行为影响而产生模型精度的实际估计。

通常，是在模型没有更新梯度的情况下编译验证函数，从而只需计算输入图像块的成本和误差。

由于数据集通常太大而无法保存在 GPU 内存，因此一般是在每次迭代中将一批数据（$x,y$）传输给 GPU。在这种情况下，可以继续采用共享变量的方法来将整个验证数据集存储在 GPU 内存中，但如果在每个时间步长中仍需将每批数据传输给 GPU 而不采用上述方法时该如何实现。在此采用更常见的形式：

```
validate_model = theano.function(
    inputs=[x,y],
    outputs=[cost,error]
)
```

需要传输批输入，但不是在每次迭代中进行验证计算，而是在训练 for 循环中的 validation_interval 迭代中进行验证：

```
if iteration % validation_interval == 0 :
    val_index = iteration // validation_interval
    valid_loss[val_index], valid_error[val_index] = np.mean([
            validate_model(
                valid_set[0][i * batch_size: (i + 1) * batch_size],
                numpy.asarray(valid_set[1][i * batch_size: (i + 1) * batch_
size], dtype="int32")
                )
                for i in range(n_valid_batches)
            ], axis=0)
```

观察第一个简单模型：

```
epoch 0, minibatch 1/83, validation error 40.05 %, validation loss 2.16520105302

epoch 24, minibatch 9/83, validation error 8.16 %, validation loss 0.288349323906
epoch 36, minibatch 13/83, validation error 7.96 %, validation loss 0.278418215923
epoch 48, minibatch 17/83, validation error 7.73 %, validation loss 0.272948684171
epoch 60, minibatch 21/83, validation error 7.65 %, validation loss 0.269203903154
epoch 72, minibatch 25/83, validation error 7.59 %, validation loss 0.26624627877
epoch 84, minibatch 29/83, validation error 7.56 %, validation loss 0.264540277421
...
epoch 975, minibatch 76/83, validation error 7.10 %, validation loss 0.258190142922
epoch 987, minibatch 80/83, validation error 7.09 %, validation loss 0.258411859162
```

在一个完整的训练程序中，对应于总的周期次数且具有该周期平均验证得分的验证间隔更有意义。

为更好地评估训练执行情况，需绘制训练损失和验证损失。为更好地表明早期迭代中的损失下降情况，在此在第 100 次迭代时停止绘制。如果在图中绘制 1000 次迭代，则无法观察早期的迭代情况：

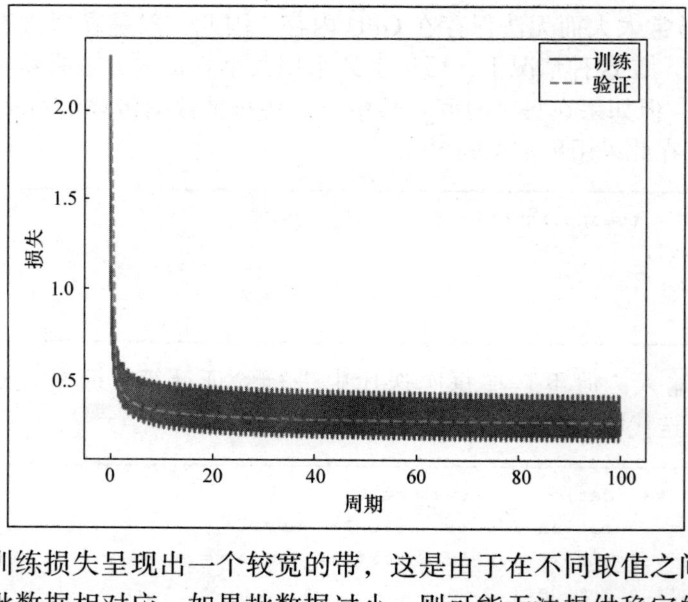


由图可见，训练损失呈现出一个较宽的带，这是由于在不同取值之间振荡的结果。每个损失值都与一批数据相对应。如果批数据过小，则可能无法提供稳定的损失值。与验证损失相比，一个周期的训练损失平均值可提供一个更稳定的值，并能表明过拟合情况。

另外，还需注意，损失图还提供了网络收敛的相关信息，但没有提供有关误差的信息。因此，绘制训练误差和验证误差图也非常重要。

对于第二个模型：

```
epoch 0, minibatch 1/83, validation error 41.25 %, validation loss 2.35665753484
epoch 24, minibatch 9/83, validation error 10.20 %, validation loss 0.438846310601
epoch 36, minibatch 13/83, validation error 9.40 %, validation loss 0.399769391865
epoch 48, minibatch 17/83, validation error 8.85 %, validation loss 0.379035864025
epoch 60, minibatch 21/83, validation error 8.57 %, validation loss 0.365624915808
epoch 72, minibatch 25/83, validation error 8.31 %, validation loss 0.355733696371
epoch 84, minibatch 29/83, validation error 8.25 %, validation loss 0.348027150147
epoch 96, minibatch 33/83, validation error 8.01 %, validation loss 0.34150374867
epoch 108, minibatch 37/83, validation error 7.91 %, validation loss 0.335878048092
...
epoch 975, minibatch 76/83, validation error 2.97 %, validation loss 0.167824191041
epoch 987, minibatch 80/83, validation error 2.96 %, validation loss 0.167092795949
```

训练曲线更优：

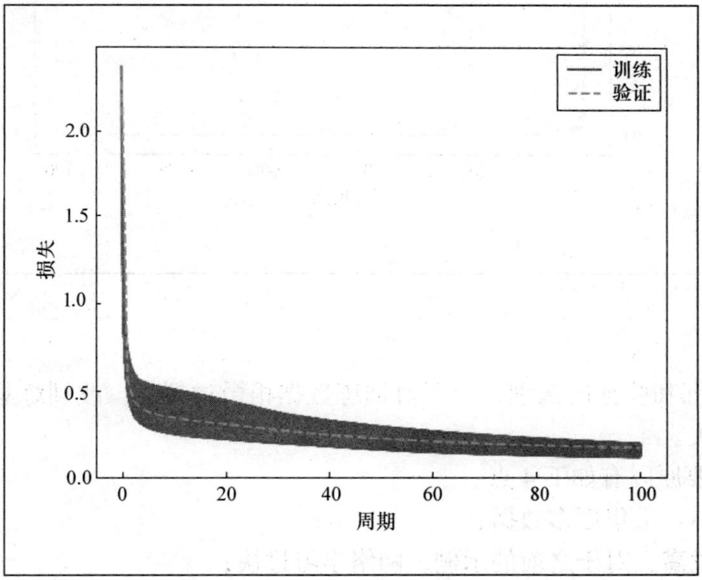


对于第三个模型：

```
epoch 0, minibatch 1/83, validation error 53.81 %, validation loss 2.29528842866
epoch 24, minibatch 9/83, validation error 1.55 %, validation loss 0.048202780541
epoch 36, minibatch 13/83, validation error 1.31 %, validation loss 0.0445762014715
epoch 48, minibatch 17/83, validation error 1.29 %, validation loss 0.0432346871821
epoch 60, minibatch 21/83, validation error 1.25 %, validation loss 0.0425786205451
epoch 72, minibatch 25/83, validation error 1.20 %, validation loss 0.0413943211024
epoch 84, minibatch 29/83, validation error 1.20 %, validation loss 0.0416557886347
epoch 96, minibatch 33/83, validation error 1.19 %, validation loss 0.0414686980075
...
epoch 975, minibatch 76/83, validation error 1.08 %, validation loss 0.0477593478863
epoch 987, minibatch 80/83, validation error 1.08 %, validation loss 0.0478142946085
```

结果如下图所示：

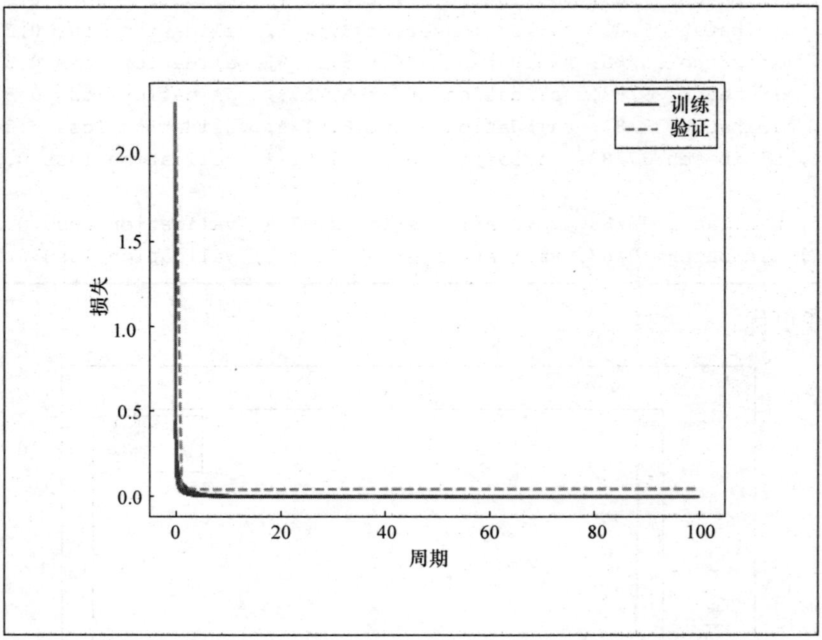


由图可见训练和验证的区别，由于对训练数据稍微过拟合，或训练集和测试集之间的差别导致产生损失。

过拟合的主要原因有如下 4 点：

- **数据集过小**：采集更多数据；
- **学习速率过高**：对于之前的示例，网络学习过快；
- **缺乏正则化**：增加更多的退出（见下一节），或在损失函数中对权重范数增加惩罚；
- **模型规模太小**：增加不同层的滤波器 / 单元个数。

与训练损失和误差相比，由于在训练过程中具有更多噪声，验证损失和误差可更好地对网络进行评估，同时也可用于确定哪些模型参数最优：

- **简单模型**：在第 518 次周期达到 6.96%；
- **MLP 模型**：在第 987 次周期达到 2.96%；
- **CNN 模型**：在第 722 次周期达到 1.06%。

这些结果还表明模型并不会随着训练更多而改进太多。

下面给出 3 种模型验证损失的比较：

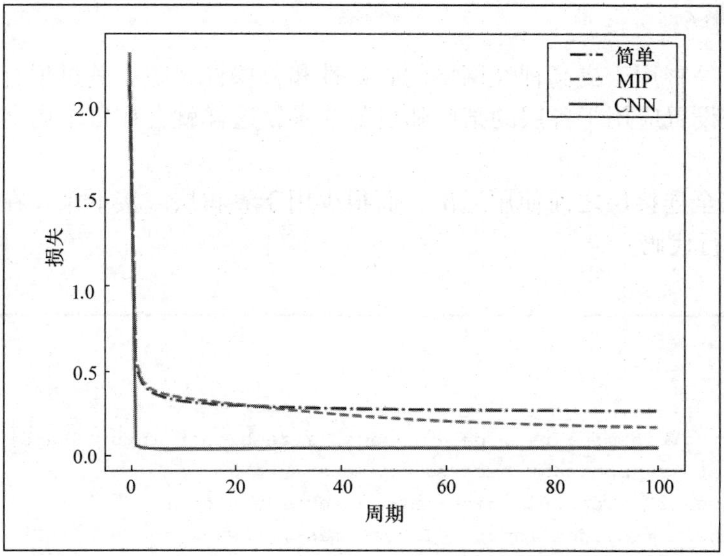


上图中训练尚未完成，MLP 模型仍在改进，而 CNN 模型和简单网络模型已收敛。

根据所选模型，可很容易地计算测试数据集的测试损失和误差。

机器学习的最后一个重要概念是超参数调节。超参数是指在训练过程中不参与学习的模型参数。下面是一些超参数示例：

```
learning rate
number of hidden neurons
batch size
```

对于学习速率，下降太慢可能会无法找到全局最小值，而下降太快又会导致无法收敛。因此，确定最优的初始学习速率至关重要。通常在多次迭代后会减小学习速率，以便更精确地调整模型。

选择超参数需要在不同超参数值下多次运行。例如，可在一个简单的网格搜索中完成测试所有超参数组合。

在此，给读者提供一个练习：

• 以不同超参数训练模型并绘制训练损失曲线，观察超参数如何影响最终的损失。

• 可视化第一层的神经元信息，一旦模式训练完成，观察从输入图像提取的特征。对此，需编译一个具体的可视化函数：

```
visualize_layer1 = theano.function(
    inputs=[x,y],
    outputs=conv1_out
)
```

## 2.10 退出

退出机制是一种用于提高神经网络的收敛性和鲁棒性并防止其过拟合而广泛使用的技术，基本思想是设置应用于各层的某些随机值为零，这样就会在每个周期的数据中增加随机性。

通常是在完全连接层之前使用退出，而很少用于卷积层。接下来，在两个完全连接层之前添加下列几行代码：

```
dropout = 0.5

if dropout > 0 :
    mask = srng.binomial(n=1, p=1-dropout, size=hidden_input.shape)
    # The cast is important because
    # int * float32 = float64 which make execution slower
    hidden_input = hidden_input * T.cast(mask, theano.config.floatX)
```

完整脚本可参见 5-cnn-with-dropout.py 文件。经过 1000 次迭代后，具有退出机制的 CNN 模型的验证误差继续下降，直到 1.08%。而无退出机制的 CNN 模型的验证误差不会下降，为 1.22%。

希望进一步了解退出机制的读者应熟悉 maxout 单元。该单元可与退出机制很好地配合工作，并替换 tanh 非线性来得到更好的结果。由于退出实际上一种模型平均，maxout 单元试图该问题的最优非线性。

## 2.11 推理

推理是利用模型产生预测的过程。

在推理过程中，权重参数无需更新，因此推理函数要比训练函数简单：

```
infer_model = theano.function(
    inputs=[x],
    outputs=[y_pred]
)
```

## 2.12 优化和其他更新规则

学习速率是一种需要正确设置的重要参数。学习速率过低会使得学习困难且训练变慢，而学习速率过高又会增大对离群值的敏感性，增加数据中的噪声，训练速度过快而无法学习泛化，从而陷入局部极小值：

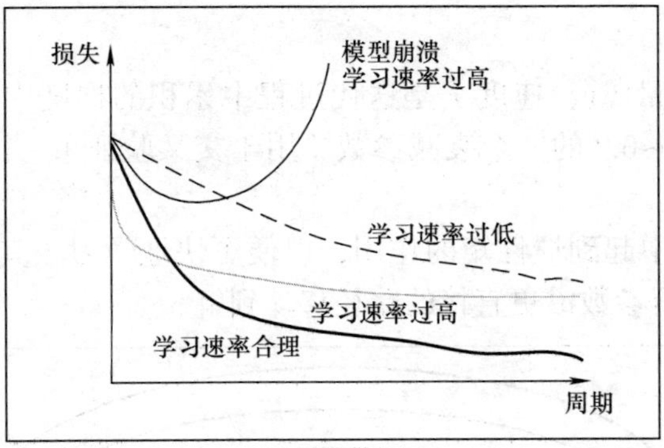


若增加一次或几次迭代后，训练损失不再增加，则可以某一因数减小学习速率：

$$\lambda \leftarrow \lambda \times 0.1$$

这有助于网络学习数据中的微小差别，如训练残差网络时所示（见第 7 章　基于残差网络的图像分类）：

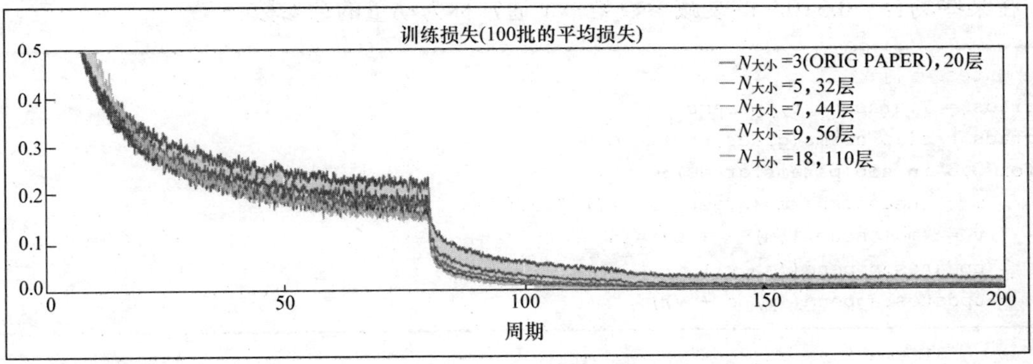


为检查训练过程，通常需输出参数、梯度和更新的标准值，以及 NaN 值。

本章中的更新规则是最简单的更新形式，称为**随机梯度下降（SGD）**。这在实际应用中非常适合于裁剪范数以避免饱和和出现 NaN 值。对于 theano 函数，更新列表如下：

```
def clip_norms(gs, c):
    norm = T.sqrt(sum([T.sum(g**2) for g in gs]))
    return [ T.switch(T.ge(norm, c), g*c/norm, g) for g in gs]

updates = []
grads = T.grad(cost, params)
grads = clip_norms(grads, 50)
for p,g in zip(params,grads):
    updated_p = p - learning_rate * g
    updates.append((p, updated_p))
```

另外，进行了一些非常简单的改进实验以提高下降率，并出现在许多深度学习库中。接下来，具体讨论在 Theano 中的一些改进。

## 动量

对于每个参数，动量（$v$，速度）是迭代过程中累积的梯度中计算而得的且随时间衰减。前一动量值乘以 0.5~0.9 的一个衰减参数（用于交叉验证），并加上当前梯度来获得新的动量值。

梯度的动量在更新中起到惯性矩的作用，以便更快地学习。其思想是在动量中去除连续梯度中的振荡，以使得参数沿更直接的路径移动到解：

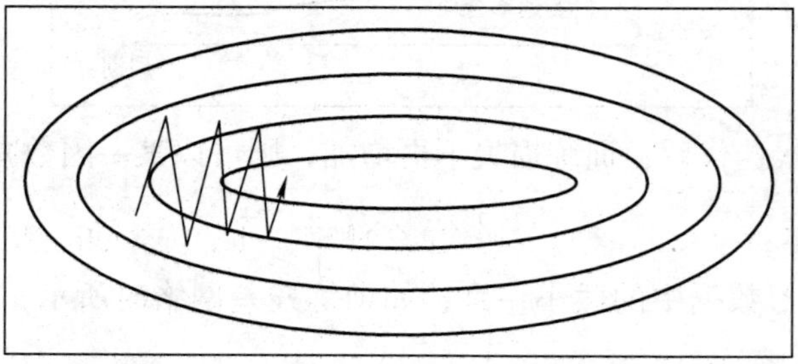

在某些场合，0.5~0.9 的衰减参数是一个通常称为动量的超参数：

```
updates = []
grads = T.grad(cost, params)
grads = clip_norms(grads, 50)
for p,g in zip(params,grads):
    m = theano.shared(p.get_value() * 0.)
    v = (momentum * m) - (learning_rate * g)
    updates.append((m, v))
    updates.append((p, p + v))
```

## Nesterov 加速梯度

该思想不是在参数中增加 $v$，而是直接增加未来动量值 v-learning-rate g，以使之在下一位置处计算下一次迭代中的梯度：

```
updates = []
grads = T.grad(cost, params)
grads = clip_norms(grads, 50)
for p, g in zip(params, grads):
    m = theano.shared(p.get_value() * 0.)
    v = (momentum * m) - (learning_rate * g)
    updates.append((m,v))
    updates.append((p, p + momentum * v - learning_rate * g))
```

## Adagrad

该更新规则以及以下规则都主要是按参数调整学习速率（对于每个参数，学习速率均不同）。梯度的元素二次方和累积到每个参数的共享变量中，以一种按元素的形式来衰减学习速率：

```
updates = []
grads = T.grad(cost, params)
grads = clip_norms(grads, 50)
for p,g in zip(params,grads):
    acc = theano.shared(p.get_value() * 0.)
    acc_t = acc + g ** 2
    updates.append((acc, acc_t))
    p_t = p - (learning_rate / T.sqrt(acc_t + 1e-6)) * g
    updates.append((p, p_t))
```

Adagrad 是一种激进方法，而接下来的两种规则，即 AdaDelta 和 RMSProp 则是尽量减少其激进性。

## AdaDelta

对于每个参数创建两个累加器来累积二次方梯度，并在移动平均中以衰减率 rho 进行参数化更新：

```
updates = []
grads = T.grad(cost, params)
grads = clip_norms(grads, 50)
for p,g in zip(params,grads):
    acc = theano.shared(p.get_value() * 0.)
    acc_delta = theano.shared(p.get_value() * 0.)
    acc_new = rho * acc + (1 - rho) * g ** 2
    updates.append((acc,acc_new))
    update = g * T.sqrt(acc_delta + 1e-6) / T.sqrt(acc_new + 1e-6)
    updates.append((p, p - learning_rate * update))
    updates.append((acc_delta, rho * acc_delta + (1 - rho) * update ** 2))
```

## RMSProp

该更新规则在很多情况下非常有效。这是对 Adagrad 更新规则的一种改进，使用移动平均（由 rho 参数化）来得到一个不太激进的衰减：

```
updates = []
grads = T.grad(cost, params)
grads = clip_norms(grads, 50)
for p,g in zip(params,grads):
    acc = theano.shared(p.get_value() * 0.)
    acc_new = rho * acc + (1 - rho) * g ** 2
    updates.append((acc, acc_new))
```

```
        updated_p = p - learning_rate * (g / T.sqrt(acc_new + 1e-6))
        updates.append((p, updated_p))
```

### Adam

这是一种结合动量的 RMSProp 方法，是学习规则的最佳选择之一。在共享变量中跟踪时间步长 $t$。计算两个移动平均：一个用于过去的二次方梯度；另一个用于过去的梯度：

```
    b1=0.9, b2=0.999, l=1-1e-8
    updates = []
    grads = T.grad(cost, params)
    grads = clip_norms(grads, 50)
    t = theano.shared(floatX(1.))
    b1_t = b1 * l **(t-1)

    for p, g in zip(params, grads):
        m = theano.shared(p.get_value() * 0.)
        v = theano.shared(p.get_value() * 0.)
        m_t = b1_t * m + (1 - b1_t) * g
        v_t = b2 * v + (1 - b2) * g**2
        updates.append((m, m_t))
        updates.append((v, v_t))
        updates.append((p, p - (learning_rate * m_t / (1 - b1**t)) / (T.sqrt(v_t / (1 -
b2**t)) + 1e-6)) )
    updates.append((t, t + 1.))
```

总结上述更新规则，最近的许多研究论文仍倾向于采用简单的 SGD 规则和良好的网络架构，并以合适的学习速率来初始化层。对于更复杂的网络，或数据较稀疏时，最好采用自适应学习速率，避免找不到合适的学习速率。

## 2.13 延伸阅读

有关本章的更多相关内容，可参阅下列文献：

- *Deeplearning.net Theano tutorials: Single layer* (http://deeplearning.net/tutorial/logreg.html), **MLP** (http://deeplearning.net/tutorial/mlp.html), **Convolutions** (http://deeplearning.net/tutorial/lenet. html)
- All loss functions: for classification, regression, and joint embedding (http://christopher5106.github.io/deep/learning/2016/09/16/about-loss-functions-multinomial-logistic-logarithm-crossentropy-square-errors-euclidian-absolute-frobenius-hinge.html)
- The last example corresponds to Yann Lecun's five-5 layer network as in Gradient based learning applied to document recognition (http://yann. lecun.com/exdb/publis/pdf/lecun-98.pdf)

• Understanding the difficulty of training deep feedforward neural networks, Xavier Glorot, Yoshua Bengio, 2010

• Maxout Networks: Ian J. Goodfellow, David Warde-Farley, Mehdi Mirza, Aaron Courville, Yoshua Bengio 2013

• An overview of gradient descent algorithms: `http://sebastianruder.com/optimizing-gradient-descent/`

• CS231n Convolutional Neural Networks for Visual Recognition, `http://cs231n.github.io/neural-networks-3/`

• Yes you should understand backprop, Andrej Karpathy, 2016, `https://medium.com/@karpathy/`

• Striving for Simplicity: The All Convolutional Net, Jost Tobias Springenberg, Alexey Dosovitskiy, Thomas Brox, Martin Riedmiller, 2014

• Fractional Max-Pooling, Benjamin Graham, 2014

• Batch Normalization: Accelerating Deep Network Training by Reducing Internal Covariate Shift, Sergey Ioffe, Christian Szegedy, 2015

• Visualizing and Understanding Convolutional Networks, Matthew D Zeiler, Rob Fergus, 2013

• Going Deeper with Convolutions, Christian Szegedy, Wei Liu, Yangqing Jia, Pierre Sermanet, Scott Reed, Dragomir Anguelov, Dumitru Erhan, Vincent Vanhoucke, Andrew Rabinovich, 2014

## 2.14 小结

分类是机器学习中一个非常广泛的研究内容。主要是预测一个类或类别，正如手写体数字示例那样。在第 7 章　基于残差网络的图像分类中，将分析如何对一个更大的自然图像和对象集进行分类。

分类可应用于各种不同问题，交叉熵 / 负对数似然是通过梯度下降来进行求解的常用损失函数。此外，还有许多其他损失函数，如回归（均方误差损失）或非监督式联合学习（铰链损失）。

本章采用一种称为随机梯度下降的简单更新规则来实现梯度下降，并介绍了一些其他梯度下降形式（动量、Nesterov、RMSProp、Adam、Adagrad 和 AdaDelta）。另外，还有一些二阶优化研究，如 Hessian Free 或 K-FAC，可在深度网络或递归网络中得到更好的结果，但复杂度和计算成本过高而至今尚未广泛应用。研究人员一直在寻找性能更好且无需这种优化技术的新架构。

在训练网络时，强烈建议使用以下两种 Linux 命令：

• Screen：由于训练通常需要几天的时间，需分离 shell，在服务器上运行脚本，并随后重新连接。

• Tee：将正在运行程序的输出传输到这里，以便于将所显示结果保存在一个文件中，并同时继续在 shell 中可视化输出。这将减轻日志功能和框架的代码负担。

# 第 3 章
# 单词的向量编码

在第 3 章中，神经网络的输入数据是图像，即连续数值的向量，这是**神经网络**的自然语言。但对于许多其他机器学习领域，输入可能是分类和离散的。

本章将介绍一种称为嵌入的技术，学习如何将离散的输入信号转换为向量。这种输入表示是与神经网络的其余处理过程相兼容的重要一步。

这种嵌入技术通过自然语言文本的示例来进行阐述说明，其中的自然语言文本由属于有限词汇表的单词组成。

在此，主要介绍嵌入技术的以下方面：

- 嵌入原则；
- 不同类型的单词嵌入；
- one-hot 编码与索引编码；
- 构建一个文本转换成向量的网络；
- 训练和发现嵌入空间特性；
- 保存和加载模型参数；
- 可视化降维；
- 嵌入质量评价；
- 嵌入空间应用；
- 权重绑定。

## 3.1 编码和嵌入

每个单词都可由词汇表中的一个索引表征：

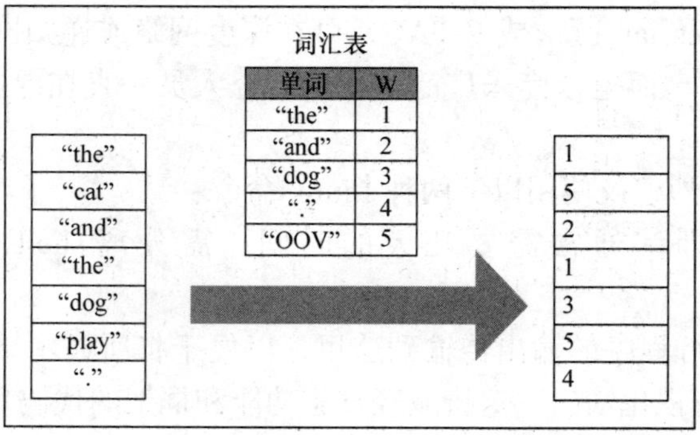

单词编码是将每个单词表示成一个向量的处理过程。最简单的单词编码方法是 one-hot 或 1-of-*K* 向量表示。在该方法中，每个单词都可表示为一个 $\mathbb{R}^{|V|\times 1}$ 向量，其中该单词在词汇表中的相应索引位置为 1，而其余值为 0。[*V*] 表示词汇表大小。在这种编码方式中，词汇表的单词向量 {King、Queen、Man、Woman、Child} 中单词 Queen 的编码如下：

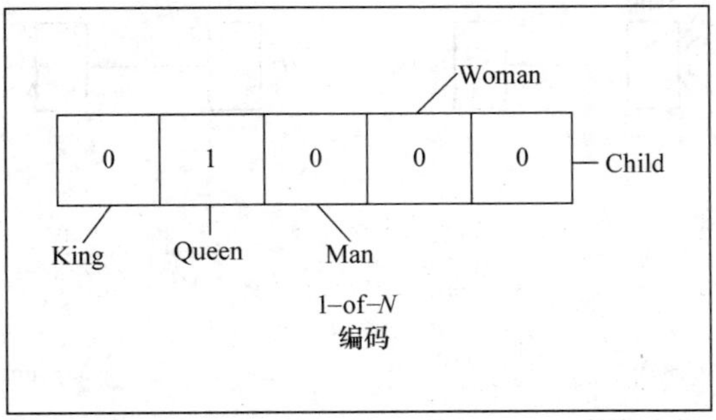


在 one-hot 向量表示法中，每个单词与其他单词都是等距的。然而，无法保持单词之间的任何关系，从而导致数据稀疏。采用单词嵌入技术可以克服上述缺点。

单词嵌入是一种将单词表示为实数向量的分布式语义方法。这种表示法具有很好的聚类特性，这是因为将具有相似语义和语法的单词构成一组。

例如，单词 seaworld 和 dolphin 在所创的单词空间内非常接近。这一步骤的主要目的是将每个单词映射为一个连续低维的实数向量，并将其作为**递归神经网络（RNN）**和**卷积神经网络（CNN）**等模型的输入。

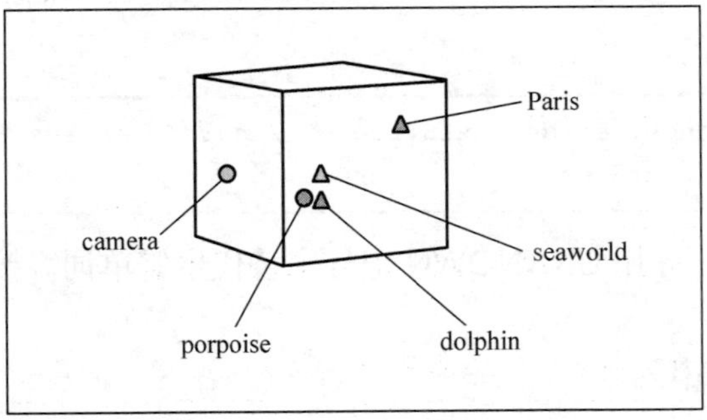


这种表示形式是集连接的。期望同义词和可互换词在上述空间中相近。

本章将介绍一种非常常用的单词嵌入模型：Word2Vec，这是由 Mikolov 等人于 2013 年最初开发的。Word2Vec 具有两种不同的模型：**连续词袋（CBOW）**和 **Skip-gram**。

在 CBOW 方法中，目标是在给定上下文条件下预测单词。而 Skip-gram 方法是在给定单个单词条件下预测上下文（见下图）：

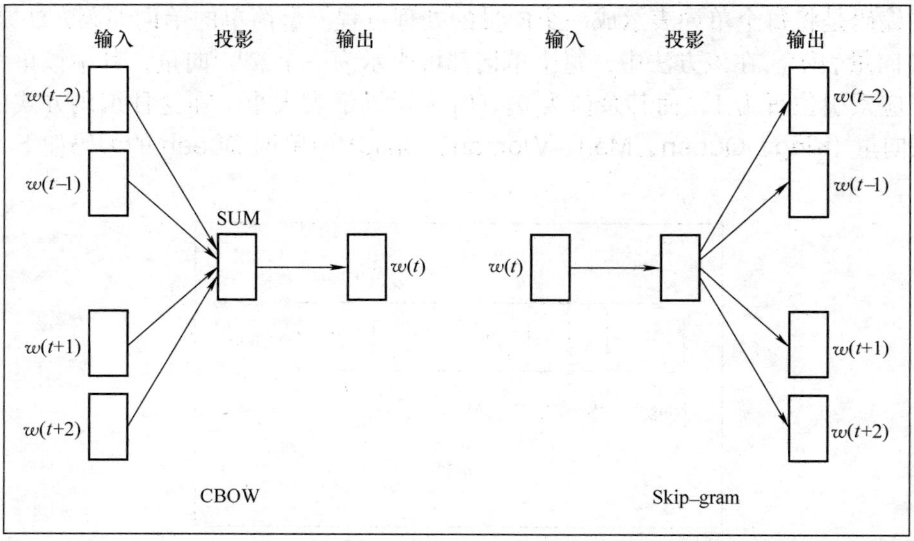


在本章中，重点分析 CBOW 模型。首先介绍数据集，然后解释该方法的基本思想。接下来，分析一个 Theano 下的简单实现。最后，介绍单词嵌入的一些应用。

## 3.2 数据集

在解释模型之前，首先通过创建词汇表并将文本与之结合来处理文本语料库，以便每个单词都可表示为一个整数。在数据集中，可以使用任何文本语料库，如维基百科或 Web 文章，或来自如 Twitter 等社交网络的帖子。常用的数据集包括 PTB、text8、BBC、IMDB 和 WMT 等。

在本章中，采用 text8 语料库。这主要是由维基百科中前 1 亿个预处理字符组成。首先下载语料库：

```
wget http://mattmahoney.net/dc/text8.zip -O /sharedfiles/text8.gz
gzip -d /sharedfiles/text8.gz -f
```

现在，构建词汇表，并用 UNKNOWN 记号来替代生僻单词。接下来，首先将数据读取到字符串列表：

1）读取数据到字符串列表：

```
words = []
with open('data/text8') as fin:
  for line in fin:
    words += [w for w in line.strip().lower().split()]

data_size = len(words)
print('Data size:', data_size)
```

根据字符串列表，现在可以构建字典。首先，从对 word_freq 字典中单词的出现频率计数开始。然后，标注替换在语料库中出现次数小于 max_df 的那些不常用单词。

2）构建字典并用 UNK 标注替换出现次数很少的单词：

```
unkown_token = '<UNK>'
pad_token = '<PAD>' # for padding the context
max_df = 5 # maximum number of freq
word_freq = [[unkown_token, -1], [pad_token, 0]]
word_freq.extend(Counter(words).most_common())
word_freq = OrderedDict(word_freq)
word2idx = {unkown_token: 0, pad_token: 1}
idx2word = {0: unkown_token, 1: pad_token}
idx = 2
for w in word_freq:
  f = word_freq[w]
  if f >= max_df:
    word2idx[w] = idx
    idx2word[idx] = w
    idx += 1
  else:
    word2idx[w] = 0 # map the rare word into the unkwon token
    word_freq[unkown_token] += 1 # increment the number of unknown tokens

data = [word2idx[w] for w in words]

del words # for reduce mem use

vocabulary_size = len(word_freq)
most_common_words = list(word_freq.items())[:5]
print('Most common words (+UNK):', most_common_words)
print('Sample data:', data[:10], [idx2word[i] for i in data[:10]])

Data size: 17005207
Most common words (+UNK): [('<UNK>', 182564), ('the', 1061396), ('of', 593677), ('and', 416629), ('one', 411764)]
Sample data: [5239, 3084, 12, 6, 195, 2, 3137, 46, 59, 156] ['anarchism', 'originated', 'as', 'a', 'term', 'of', 'abuse', 'first', 'used', 'against']
```

3）现在，定义创建数据集的函数（即上下文和目标单词）：

```
def get_sample(data, data_size, word_idx, pad_token, c = 1):

  idx = max(0, word_idx - c)
  context = data[idx:word_idx]
  if word_idx + 1 < data_size:
    context += data[word_idx + 1 : min(data_size, word_idx + c + 1)]
  target = data[word_idx]
  context = [w for w in context if w != target]
```

```
  if len(context) > 0:
    return target, context + (2 * c - len(context)) * [pad_token]
  return None, None

def get_data_set(data, data_size, pad_token, c=1):
  contexts = []
  targets = []
  for i in xrange(data_size):
    target, context =  get_sample(data, data_size, i, pad_token, c)
    if not target is None:
      contexts.append(context)
      targets.append(target)

  return np.array(contexts, dtype='int32'), np.array(targets, dtype='int32')
```

## 3.3 连续词袋模型

给定上下文条件下预测单词的神经网络设计结构如下图所示：

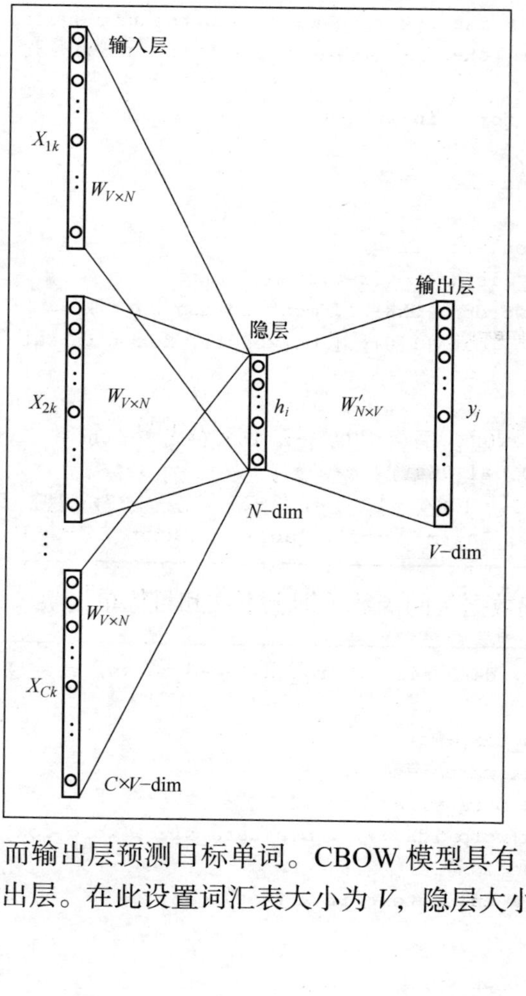


输入层接收上下文，而输出层预测目标单词。CBOW 模型具有 3 层：输入层、隐层（又称投影层或嵌入层）和输出层。在此设置词汇表大小为 $V$，隐层大小为 $N$。相邻单元都是完全连接的。

输入和输出都可由一个索引（整数，零维）或一个 one-hot 编码向量（一维）表示。One-hot 编码向量 $V$ 相乘实际上是直接取嵌入矩阵的第 $j$ 行：

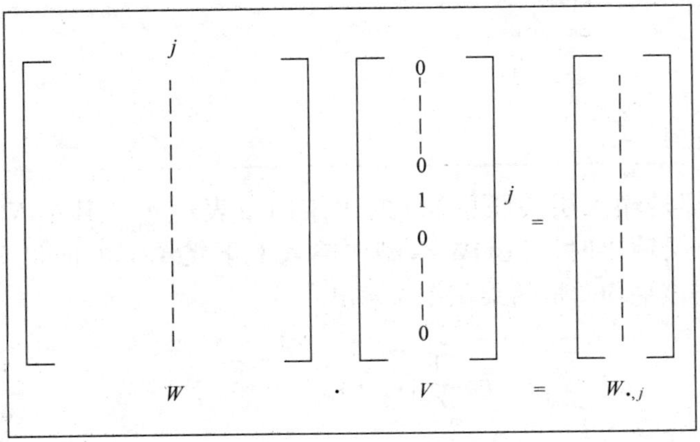


由于索引表示比 one-hot 编码表示在内存方面更有效，且 Theano 支持索引符号变量，因此最好是尽量采用索引表示。

由此，输入（上下文）是由二维矩阵表示，其中两个维度为批大小和上下文长度。输出（目标）为一维向量表示，即批大小。

接下来，定义 CBOW 模型：

```
import theano
import theano.tensor as T
import numpy as np
import math
context = T.imatrix(name='context')
target = T.ivector('target')
```

上下文和目标变量都是模型的已知参数。而 CBOW 模型的未知参数是输入层和隐层之间的连接矩阵 $W_{in}$，以及隐层和输出层之间的连接矩阵 $W_{out}$：

```
vocab_size = len(idx2word)
emb_size = 128
W_in_values = np.asarray(np.random.uniform(-1.0, 1.0,
    (vocab_size, emb_size)),
dtype=theano.config.floatX)

W_out_values = np.asarray(np.random.normal(
     scale=1.0 / math.sqrt(emb_size),
    size=(emb_size, vocab_size)),
    dtype=theano.config.floatX)

W_in = theano.shared(value=W_in_values,
```

```
                          name='W_in',
                          borrow=True)

W_out = theano.shared(value=W_out_values,
                          name='W_out',
                          borrow=True)


params = [W_in, W_out]
```

$W_{in}$ 中的每行都是输入层关联单词 i 的 $N$ 维向量表示 $v_{w_j}$，其中 $N$ 为隐层大小。给定上下文，在计算隐层输出时，CBOW 模型取输入上下文单词的向量平均值，并将 input->hidden 权重矩阵与该平均向量的乘积作为输出：

$$h=\frac{1}{C}\left(v_{w_1}+v_{w_2}+\cdots+v_{w_c}\right) \tag{1}$$

式中，$C$ 为上下文中的单词个数；$w_1$，$w_2$，$w_3$，…，$w_c$ 为上下文中的单词；$v_{w_j}$ 为单词 $w_i$ 的输入向量。

输出层的激活函数为 softmax 层。式（2）和式（3）给出了计算输出层的公式：

$$u_j=v_{w_j}^{\mathrm{T}}\cdot h \tag{2}$$

$$p(w_j|w_1,w_2,\cdots w_c)=p(w_j|h)=\frac{\exp(u_j)}{\sum_{i=1}^{V}\exp(u_i)} \tag{3}$$

式中，$v_{w_j}$ 为矩阵 $W_{out}$ 中的第 $j$ 列；$v$ 为词汇表大小。

在此设置词汇表大小为 vocab_size，隐层大小为 emb_size。损失函数如下：

$$E=-\log p(w_j|w_1,w_2,\cdots,w_c)=-\log p(w_j|h) \tag{4}$$

现在，将式（1）~式（4）在 Theano 中实现。

计算隐层（投影层）输出：input->hidden[式（1）]

```
h = T.mean(W_in[context], axis=1)

For the hidden -> output layer (eq. 2)
uj = T.dot(h, W_out)
```

softmax 激活[式（3）]：

```
p_target_given_contex = T.nnet.softmax(uj).dimshuffle(1, 0)
```

损失函数[式（4）]：

```
loss = -T.mean(T.log(p_target_given_contex)[T.arange(target.shape[0]), target])
```

采用 SGD 方法更新模型参数：

```
g_params = T.grad(cost=loss, wrt=params)
updates = [
        (param, param - learning_rate * gparam)
        for param, gparam in zip(params, g_params)
]
```

最后，需要定义训练和评价函数。

首先，将数据集共享，并传输给 GPU。为简单起见，假设具有一个可返回目标及其上下文单词集的 get_data_set 函数：

```
contexts, targets = get_data_set(data, data_size, word2idx[pad_token], c=2)

contexts = theano.shared(contexts)
targets = theano.shared(targets)

index = T.lscalar('index')

train_model = theano.function(
    inputs=[index],
    outputs=[loss],
    updates=updates,
    givens={
        context: contexts[index * batch_size: (index + 1) * batch_size],
        target: targets[index * batch_size: (index + 1) * batch_size]
    }
)
```

train_model 的输入变量为批索引，这是由于整个数据集已在共享变量的作用下一次转移到 GPU。

为了在训练过程中进行验证，采用示例的最小批和所有嵌入之间的余弦相似性来进行模型评价。

在此，用 theano 变量来赋予验证模型的输入：

```
valid_samples = T.ivector('valid_samples')
```

验证输入的标准单词嵌入：

```
embeddings = params[0]
norm = T.sqrt(T.sum(T.sqr(embeddings), axis=1, keepdims=True))
normalized_embeddings = W_in / norm
```

```
valid_embeddings = normalized_embeddings[valid_samples]
```

由余弦相似函数给出相似度：

```
similarity = theano.function([valid_samples], T.dot(valid_embeddings, normalized_
embeddings.T))
```

## 3.4 模型训练

现在可以开始训练模型了。在本例中，选择利用 SGD 方法来进行模型训练，且批大小为 64，周期为 100。为验证该模型，随机选择 16 个单词，并使用相似性测度作为评价指标：

1）开始训练：

```
valid_size = 16      # Random set of words to evaluate similarity on.
valid_window = 100   # Only pick dev samples in the head of the distribution.
valid_examples = np.array(np.random.choice(valid_window, valid_size,
replace=False), dtype='int32')

n_epochs = 100
n_train_batches = data_size // batch_size
n_iters = n_epochs * n_train_batches
train_loss = np.zeros(n_iters)
average_loss = 0

for epoch in range(n_epochs):
    for minibatch_index in range(n_train_batches):

        iteration = minibatch_index + n_train_batches * epoch
        loss = train_model(minibatch_index)
        train_loss[iteration] = loss
        average_loss += loss


        if iteration % 2000 == 0:

          if iteration > 0:
            average_loss /= 2000
                # The average loss is an estimate of the loss over the last
2000 batches.
            print("Average loss at step ", iteration, ": ", average_loss)
            average_loss = 0


        # Note that this is expensive (~20% slowdown if computed every 500
steps)
        if iteration % 10000 == 0:
```

```
        sim = similarity(valid_examples)
        for i in xrange(valid_size):
            valid_word = idx2word[valid_examples[i]]
            top_k = 8 # number of nearest neighbors
            nearest = (-sim[i, :]).argsort()[1:top_k+1]
            log_str = "Nearest to %s:" % valid_word
            for k in xrange(top_k):
                close_word = idx2word[nearest[k]]
                log_str = "%s %s," % (log_str, close_word)
            print(log_str)
```

2）最后，创建两个有助于将模型参数保存在可重用 utils.py 文件的通用函数：

```
def save_params(outfile, params):
    l = []
    for param in params:
        l = l + [ param.get_value() ]
    numpy.savez(outfile, *l)
    print("Saved model parameters to {}.npz".format(outfile))

def load_params(path, params):
    npzfile = numpy.load(path+".npz")
    for i, param in enumerate(params):
        param.set_value( npzfile["arr_" +str(i)] )
    print("Loaded model parameters from {}.npz".format(path))
```

3）在 GPU 上运行，执行代码输出以下结果：

*Using gpu device 1: Tesla K80 (CNMeM is enabled with initial size: 80.0% of memory, cuDNN 5105)*

*Data size 17005207*

*Most common words (+UNK) [('<UNK>', 182565), ('<PAD>', 0), ('the', 1061396), ('of', 593677), ('and', 416629)]*

*Sample data [5240, 3085, 13, 7, 196, 3, 3138, 47, 60, 157] ['anarchism', 'originated', 'as', 'a', 'term', 'of', 'abuse', 'first', 'used', 'against']*

*Average loss at step 0 : 11.2959747314*
*Average loss at step 2000 : 8.81626828802*
*Average loss at step 4000 : 7.63789177912*
*Average loss at step 6000 : 7.40699760973*
*Average loss at step 8000 : 7.20080085599*
*Average loss at step 10000 : 6.85602856147*
*Average loss at step 12000 : 6.88123817992*
*Average loss at step 14000 : 6.96217652643*
*Average loss at step 16000 : 6.53794862854*
*...*

*Average loss at step 26552000 : 4.52319500107*
*Average loss at step 26554000 : 4.55709513521*

*Average loss at step 26556000 : 4.62755958384*
*Average loss at step 26558000 : 4.6266620369*
*Average loss at step 26560000 : 4.82731778347*
*Nearest to system: systems, network, device, unit, controller, schemes, vessel, scheme,*
*Nearest to up: off, out, alight, forth, upwards, down, ordered, ups,*
*Nearest to first: earliest, last, second, next, oldest, fourth, third, newest,*
*Nearest to nine: apq, nineteenth, poz, jyutping, afd, apod, eurocents, zoolander,*
*Nearest to between: across, within, involving, with, among, concerning, through, from,*
*Nearest to state: states, provincial, government, nation, gaeltachta, reservation, infirmity, slates,*
*Nearest to are: were, is, aren, was, include, have, weren, contain,*
*Nearest to may: might, should, must, can, could, would, will, cannot,*
*Nearest to zero: hundred, pounders, hadza, cest, bureaus, eight, rang, osr,*
*Nearest to that: which, where, aurea, kessai, however, unless, but, although,*
*Nearest to can: could, must, cannot, should, may, will, might, would,*
*Nearest to s: his, whose, its, castletown, cide, codepoint, onizuka, brooklands,*
*Nearest to will: would, must, should, could, can, might, shall, may,*
*Nearest to their: its, his, your, our, her, my, the, whose,*
*Nearest to but: however, though, although, which, while, whereas, moreover, unfortunately,*
*Nearest to not: never, indeed, rarely, seldom, almost, hardly, unable, gallaecia,*
*Saved model parameters to model.npz*

- 出现次数很少的单词只需很少时间来更新，而出现频率较高的单词更频繁地出现在输入和上下文中。对出现频率高的单词进行下采样可有所改进。
- 在输出嵌入中更新所有权重，只有与上下文中的单词对应的少数权重积极更新。负采样有助于维持积极更新和消极更新的再平衡。

## 3.5 可视化学习嵌入

现在，将嵌入在二维图形中可视化，以便了解如何获取相似性和语义。为此，需要将高维的嵌入减少到二维，且不改变嵌入结构。

降维也称为流形学习，目前已提出各种不同技术，其中一些是线性的，如**主成分分析**（PCA）、**独立成分分析**（ICA）、**线性判别分析**（LDA）和**潜在语义分析 / 索引**（LSA/LSI），另外一些是非线性的，如**等距映射**（Isomap）、**局部线性嵌入**（LLE）、**Hessian 特征映射**、**谱嵌入**、**局部切空间嵌入**、**多维标度**（MDS）和 **t 分布随机近邻嵌入**（t-SNE）。

为显示单词嵌入，在此采用 t-SNE，这是一种适用于高维数据且揭示局部结构和聚类而无拥挤点的很好的技术：

1）可视化嵌入：

```
def plot_with_labels(low_dim_embs, labels, filename='tsne.png'):
    assert low_dim_embs.shape[0] >= len(labels), "More labels than embeddings"
   plt.figure(figsize=(18, 18))  #in inches
   for i, label in enumerate(labels):
     x, y = low_dim_embs[i,:]
```

```
    plt.scatter(x, y)
    plt.annotate(label,
                 xy=(x, y),
                 xytext=(5, 2),
                 textcoords='offset points',
                 ha='right',
                 va='bottom')

  plt.savefig(filename)

from sklearn.manifold import TSNE
import matplotlib.pyplot as plt

tsne = TSNE(perplexity=30, n_components=2, init='pca', n_iter=5000)
plot_only = 500
low_dim_embs = tsne.fit_transform(final_embeddings[:plot_only,:])
labels = [idx2word[i] for i in xrange(plot_only)]
plot_with_labels(low_dim_embs, labels)
```

绘制图形表明类似嵌入的单词相互接近：

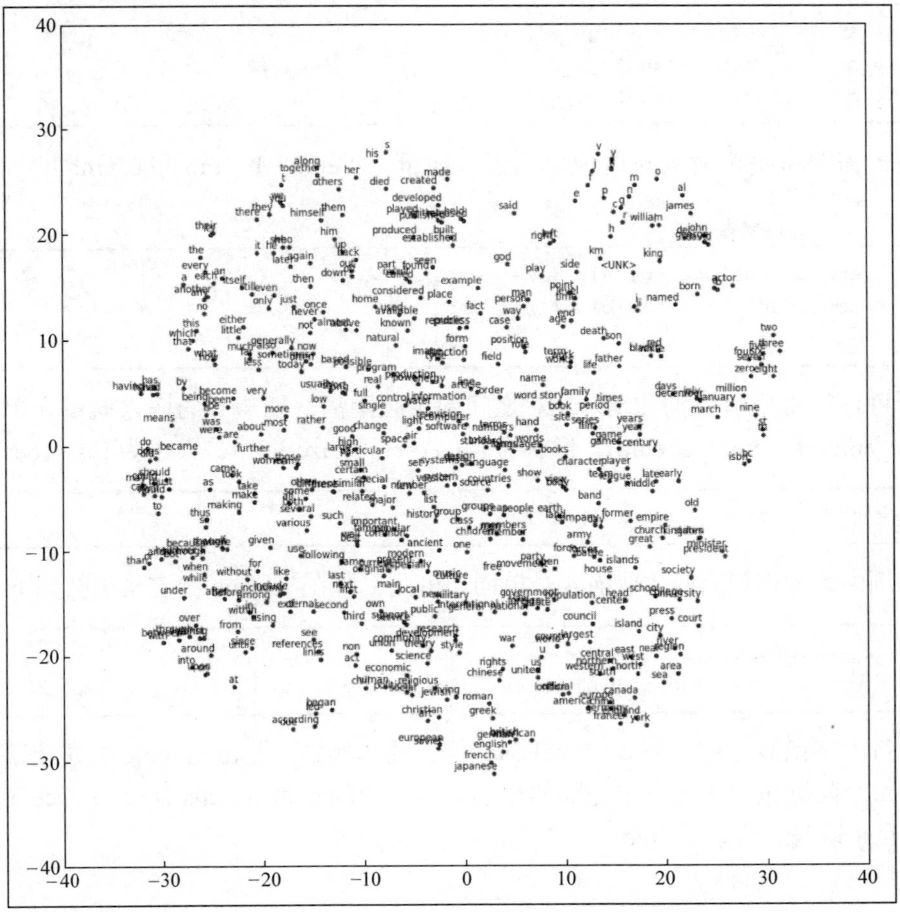

## 3.6 嵌入评价——类比推理

类比推理是一种通过预测记为 $a : b \rightarrow c : ?$ 的 *a is to b as c is to_?* 形式的句法和语义关系来评价嵌入的简单有效方法。任务是识别出第 4 个单词，且只有确切的单词匹配认为是正确的。

例如，单词 woman 是回答 king is to queen as man is to? 的最佳答案。假设$\vec{w}$是单词 $w$ 归一化为单位范数的表示向量。然后，可通过查找表示最接近的单词 $d'$ 来回答 $a : b \rightarrow c : ?$ 问题：

$$\vec{b}-\vec{a}+\vec{c}$$

根据余弦相似性：

$$d' = \arg\max_{x}(\vec{b}-\vec{a}+\vec{c})^{\mathrm{T}} \cdot \vec{x}$$

现在，利用 Theano 来实现类比预测函数。首先，需要定义函数的输入。类比函数接收 3 个输入，分别是单词索引 a、b 和 c：

```
analogy_a = T.ivector('analogy_a')
analogy_b = T.ivector('analogy_b')
analogy_c = T.ivector('analogy_c')
```

然后，需要将每个输入映射为单词嵌入向量。a_emb、b_emb 和 c_emb 的每行是单词嵌入向量：

```
a_emb = embeddings[analogy_a]  # a's embs
b_emb = embeddings[analogy_b]  # b's embs
c_emb = embeddings[analogy_c]  # c's embs
```

这时可计算每个目标词和 vocab 对之间的余弦距离。期望 d 的嵌入向量在单位超球面上相近：c_emb +(b_emb - a_emb)，形状为 [ bsz，emb_size ].dist，大小为 [bsz,vocab_size]。

```
dist = T.dot(target, embeddings.T)
```

在本例中，考虑预测函数取前 4 个单词。由此，可在 Theano 中定义函数如下：

```
pred_idx = T.argsort(dist, axis=1)[:, -4:]
prediction = theano.function([analogy_a, analogy_b, analogy_c], pred_idx)
```

在运行上述函数之前，需要加载评估数据，在本例中，是由 Google 公司定义的一组类比问题。每个问题包含 4 个空格分隔的单词。第一个问题是 Athens is to Greece as Baghdad is to _?，且正确答案应该是 Iraq：

```
Athens Greece Baghdad Iraq
Athens Greece Bangkok Thailand
Athens Greece Beijing China
```

利用下列代码定义的 read_analogies 函数来加载类比问题：

```
def read_analogies(fname, word2idx):
    """Reads through the analogy question file.
    Returns:
      questions: a [n, 4] numpy array containing the analogy question's
                 word ids.
      questions_skipped: questions skipped due to unknown words.
    """
    questions = []
    questions_skipped = 0
    with open(fname, "r") as analogy_f:
      for line in analogy_f:
        if line.startswith(":"):  # Skip comments.
          continue
        words = line.strip().lower().split(" ")
        ids = [word2idx.get(w.strip()) for w in words]
        if None in ids or len(ids) != 4:
          questions_skipped += 1
        else:
          questions.append(np.array(ids))
    print("Eval analogy file: ", fname)
    print("Questions: ", len(questions))
    print("Skipped: ", questions_skipped)

    return np.array(questions, dtype=np.int32)
```

这时，可运行评价模型：

```
"""Evaluate analogy questions and reports accuracy."""

# How many questions we get right at precision@1.
correct = 0
analogy_data = read_analogies(args.eval_data, word2idx)
analogy_questions = analogy_data[:, :3]
answers = analogy_data[:, 3]
del analogy_data
total = analogy_questions.shape[0]
start = 0

while start < total:
  limit = start + 200
  sub_questions = analogy_questions[start:limit, :]
```

```
    sub_answers = answers[start:limit]
      idx  =  prediction(sub_questions[:,0],  sub_questions[:,1],  sub_
questions[:,2])

    start = limit
    for question in xrange(sub_questions.shape[0]):
      for j in xrange(4):
        if idx[question, j] == sub_answers[question]:
              # Bingo! We predicted correctly. E.g., [italy, rome, france,
paris].
          correct += 1
          break
        elif idx[question, j] in sub_questions[question]:
          # We need to skip words already in the question.
          continue
        else:
          # The correct label is not the precision@1
          break
  print()
  print("Eval %4d/%d accuracy = %4.1f%%" % (correct, total,
                                          correct * 100.0 / total))
```

最终结果如下：

*Eval analogy file: questions-words.txt*
*Questions: 17827*
*Skipped: 1717*
*Eval 831/17827 accuracy = 4.7%*

## 3.7 嵌入评价——量化分析

只需几个单词就足以表明可以进行嵌入的定量分析。

一些单词相似性基准提出了基于人类概念的距离：Simlex999（Hill 等人，2016）、Verb-143（Baker 等人，2014）、MEN（Bruni 等人，2014）、Rare Word（Luong 等人，2013）和 MTurk-771（Halawi 等人，2012）。

嵌入的相似性距离可与人类概念距离相比较，利用 Spearman 的秩相关系数来定量评价嵌入质量。

## 3.8 单词嵌入应用

单词嵌入能够有效获取单词的含义，可将离散输入转换为可由神经网络处理的输入形式。嵌入是与语言相关的许多应用的首要任务：

- 文本生成，将在第 4 章中讨论。
- 翻译系统，输入和目标语句都是单词序列，其嵌入可由端到端神经网络处理（第 8 章基于编码—解码网络的翻译与解释）。

- 情感分析（第 5 章 基于双向 LSTM 的情感分析）。
- 计算机视觉中的 zero-shot 学习；语言中的单词结构可找到尚未训练的图像类。
- 图像标注 / 字幕。
- 神经精神学，神经网络可以 100% 的准确率来预测人类的某些精神疾病。
- 聊天机器人，或回答用户问题（第 9 章 基于注意力机制的相关输入或记忆选择）。

与单词一样，语义嵌入的原则也可用于分类变量（图像、声音、电影等类）的任何问题，其中用于分类变量激活的学习嵌入可在进一步分类任务中作为神经网络的输入。

作为语言结构的核心，单词嵌入有助于结构化或改进基于神经网络的系统性能。

## 3.9 权重绑定

两个权重矩阵 $W_{in}$ 和 $W_{out}$ 分别用于输入和输出。在反向传播过程中，$W_{out}$ 的所有权重在每次迭代中都更新，而 $W_{in}$ 只是在当前训练输入单词的对应列上更新。

**权重绑定**（WT）主要是仅使用一个矩阵 $W$ 来进行输入 / 输出嵌入。然后，Theano 计算相对于这些新权重的新导数，并在每次迭代中更新 $W$ 中的所有权重。参数过少会导致过拟合。

在 Word2Vec 情况下，这种技术并不能得到更好的结果，原因很简单：在 Word2Vec 模型中，发现上下文中输入单词的概率为

$$(W\cdot i)^{\mathrm{T}}\cdot(W\cdot i)$$

该值应接近于零，但不能为零，除非 $W=0$。

但在其他应用中，如第 4 章 基于递归神经网络的文本生成中的**神经网络语言模型**（NNLM）和第 8 章 基于编码—解码网络的翻译与解释中的**神经网络机器翻译**（NMT），这表明 [ 利用输出嵌入改进语言模型 ]：

- 输入嵌入通常比输出嵌入效果较差；
- WT 可解决该问题；
- 基于 WT 学习的常用嵌入在性能上接近于无 WT 的输出嵌入；
- 在输出嵌入之前，插入一个正则化投影矩阵 $P$ 有助于网络采用相同的嵌入，从而在 WT 下可产生更好的结果。

## 3.10 延伸阅读

有关本章的更多相关内容，可参阅下列文献：

- Efficient Estimation of Word Representations in Vector Space, Tomas Mikolov, Kai Chen, Greg Corrado, Jeffrey Dean, Jan 2013
- Factor-based Compositional Embedding Models, Mo Yu, 2014
- Character-level Convolutional Networks for Text Classification, Xiang Zhang, Junbo Zhao, Yann LeCun, 2015

• Distributed Representations of Words and Phrases and their Compositionality, Tomas Mikolov, Ilya Sutskever, Kai Chen, Greg Corrado, Jeffrey Dean, 2013

• Using the Output Embedding to Improve Language Models, Ofir Press, Lior Wolf, Aug 2016

## 3.11 小结

本章介绍了一种在自然语言处理中将特定文本中的离散输入转换为数值嵌入的常用方法。

利用神经网络来训练这些单词表示的技术并不需要对数据进行标注，而是直接从自然文本中推断数据的嵌入。这种训练方式称为非监督式学习。

深度学习的主要挑战之一是将输入 / 输出信号转换为可由神经网络处理的表示形式，尤其是浮点型向量。然后，神经网络提供处理这些向量的所有工具来学习、决策、分类、推理或生成。

在第 4 章中，将这些嵌入方式应用于文本和更先进的神经网络。第 4 章介绍的第一个应用是文本自动生成。

# 第 4 章 基于递归神经网络的文本生成

在第 3 章中，学习了如何将离散输入表征为一个向量，从而使得神经网络具有理解离散输入和连续输入的能力。

现实世界中的许多应用会涉及可变长度的输入，如目标对象联系和自动操作（卡尔曼滤波类型，更为进化的）、自然语言处理（理解、翻译、文本生成和图像标注）、人类行为复制（手写体文本生成和聊天机器人）和强化学习。

称为前馈网络的之前网络仅能够对固定维度的输入进行分类。为扩展其针对可变长度输入的功能，设计了一种新的网络类型：**递归神经网络**（RNN），这种神经网络非常适用于可变长度或序列的机器学习任务。

在此，以文本生成为例，介绍了 3 种常用的递归神经网络（简单的 RNN、LSTM 和 GRU），本章所涵盖的主要内容如下：

- 序列情况分析；
- 递归网络机制；
- 如何构建一个简单的递归网络；
- 时间反向传播；
- 不同类型的 RNN、LSTM 和 GRU；
- 模棱两可和单词错误率；
- 文本生成中的文本数据训练；
- 递归网络的应用。

## 4.1 RNN 所需

自然语言的深度学习网络是数值化的，且可以将浮点数和整数的多维数组作为输入数据进行处理。对于分类值，如字符或单词，第 3 章介绍了可将其转换为数值的嵌套技术。

到目前为止，所有输入都是固定大小的数组。但在许多应用中，如自然语言处理中的文本，输入具有语义含义并用可变长度序列表示。

这就需要处理可变长度的序列，如下图所示：

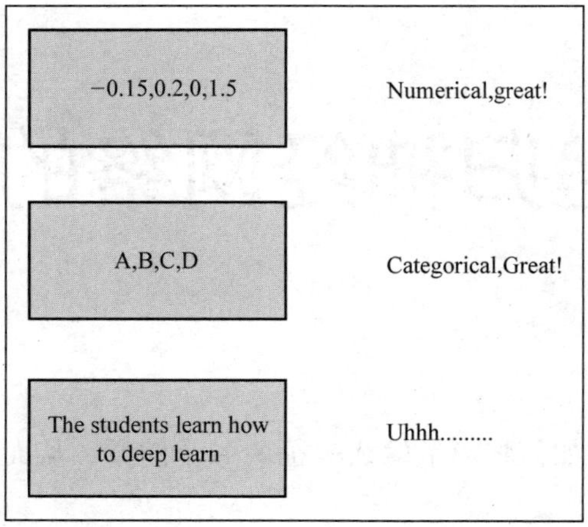


RNN 是针对可变长度输入的解决方案。

递归可看作在不同时间步长上以不同的输入数据来应用前馈网络，但主要区别是在具体目标上与过去的时间步长有关，来改进时间上的输入表示。

在每个时间步长内，隐层输出表征网络的中间状态。

递归连接定义了在给定输入条件下从一种状态转移到另一种状态的变换，从而改进表示形式：

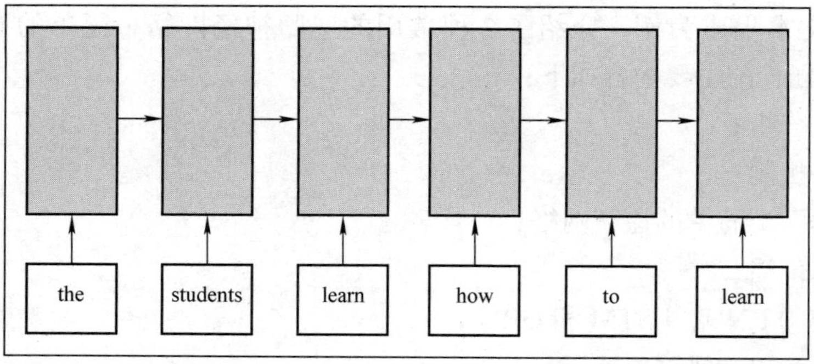


RNN 适用于与序列相关的任务，如文本、声音和语音、手写字和时间序列等。

## 4.2 自然语言数据集

作为数据集，可以是任何文本语料，如维基百科、Web 文章，或甚至是代码或计算机程序、戏剧和诗歌中的符号。模型可以获取和再现数据中的不同模式。

在此，采用莎士比亚的微缩文本来预测新的莎士比亚文本，或至少是以莎士比亚风格撰写的新文本；可能是下列两种层次的预测，但处理方式相同：

- **字符级**：字符是属于包含标点符号的字母表，在给定前几个字符条件下，模块可以预测字母表中的下一个字符，包括单词和语句之间的空格。在预测不属于字典中的单词上没有任何约束，训练目的是建立更贴近实际的单词和语句。
- **单词级**：单词是属于包括标点符号的字典，在给定前几个单词的条件下，模型可以预测词汇表中的下一个单词。在这种情况下，由于单词属于字典而对其具有很强的约束，但对于语句则没有任何约束。在此希望该模型能够比字符级模型更关注于获取语句的语法和含义。

在上述两种模式中，令牌标记指定了字符 / 单词；字典、字母表或词汇表则指定了令牌标记的可能列表。

常用的 NLTK 库是一个 Python 模块，用于将文本分为语句以及将语句切分为单词：

```
conda install nltk
```

在 Python shell 下，执行下列命令来下载 book 中的英文标记：

```
import nltk
nltk.download("book")
```

首先，分析文本以提取单词：

```
from load import parse_text
X_train, y_train, index_to_word = parse_text("data/tiny-shakespear.txt",
type="word")

for i in range(10):
  print "x", " ".join([index_to_word[x] for x in X_train[i]])
  print "y"," ".join([index_to_word[x] for x in y_train[i]])
```

*Vocabulary size 9000*
*Found 12349 unique words tokens.*
*The least frequent word in our vocabulary is 'a-fire' and appeared 1 times.*
*x START first citizen : before we proceed any further , hear me speak .*
*y first citizen : before we proceed any further , hear me speak . END*
*x START all : speak , speak .*
*y all : speak , speak . END*
*x START first citizen : you are all resolved rather to die than to famish ?*
*y first citizen : you are all resolved rather to die than to famish ? END*
*x START all : resolved .*
*y all : resolved . END*
*x START resolved .*
*y resolved . END*
*x START first citizen : first , you know caius marcius is chief enemy to the people .*
*y first citizen : first , you know caius marcius is chief enemy to the people . END*
*x START all : we know't , we know't .*
*y all : we know't , we know't . END*
*x START first citizen : let us kill him , and we 'll have corn at our own price .*
*y first citizen : let us kill him , and we 'll have corn at our own price . END*
*x START is't a verdict ?*
*y is't a verdict ? END*
*x START all : no more talking o n't ; let it be done : away , away !*

*y all : no more talking o n't ; let it be done : away , away ! END*

或 char 库：

```
from load import parse_text
X_train, y_train, index_to_char = parse_text("data/tiny-shakespear.txt",
      type="char")

for i in range(10):
  print "x",''.join([index_to_char[x] for x in X_train[i]])
  print "y",''.join([index_to_char[x] for x in y_train[i]])
```

*x ^first citizen: before we proceed any further, hear me speak*

*y irst citizen: before we proceed any further, hear me speak.$*

*x ^all: speak, speak*

*y ll: speak, speak.$*

*x ^first citizen: you are all resolved rather to die than to famish*

*y irst citizen: you are all resolved rather to die than to famish?$*

*x ^all: resolved*

*y ll: resolved.$*

*x ^resolved*

*y esolved.$*

*x ^first citizen: first, you know caius marcius is chief enemy to the people*

*y irst citizen: first, you know caius marcius is chief enemy to the people.$*

*x ^all: we know't, we know't*

*y ll: we know't, we know't.$*

*x ^first citizen: let us kill him, and we'll have corn at our own price*

*y irst citizen: let us kill him, and we'll have corn at our own price.$*

*x ^is't a verdict*

*y s't a verdict?$*

*x ^all: no more talking on't; let it be done: away, away*

*y ll: no more talking on't; let it be done: away, away!$*

附加的开始标记（START 和 ^ 符号）可避免在预测开始时存在一个无效的隐态。另一种方法是以 $h_0=W_{h0}$ 来初始化第一个隐态。

附加的结束标记（END 和 $ 符号）可有助于网络学习在序列生成结束时预测停止符。

最后，out of vocabulary 标记（UNKNOWN）是替换不属于词汇表中的单词，以避免增大字典数据。

在本例中，将省略验证数据集，但对于任何实际应用，最好是保留一部分验证数据。

另外，注意第 2 章　基于前馈网络的手写体数字分类中的层初始化函数 shared_zeros 和 shared_glorot_uniform 以及第 3 章　单词的向量编码中的模型保存与加载函数 save_params

和 load_params 已封装在 utils 中：

```
from theano import *
import theano.tensor as T
from utils import shared_zeros,
    shared_glorot_uniform,
    save_params,
    load_params
```

## 4.3 简单递归网络

RNN 是在多个时间步长上应用的网络，但主要区别是，在之前时间步长上与层的之前状态相连接的状态称为隐态 $h_t$：

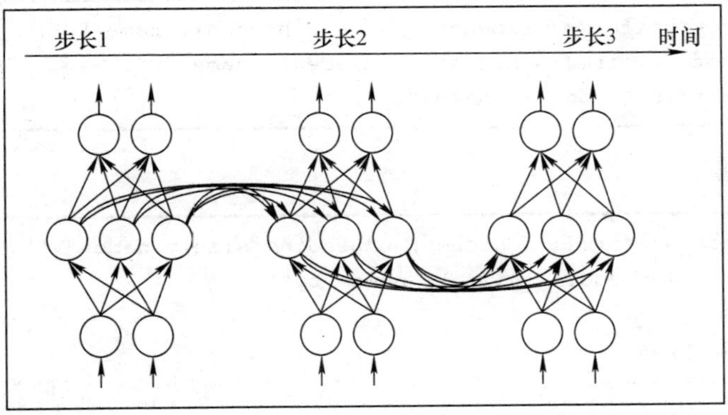


可表示成以下形式：

$$h_t = \tanh(W_{\text{in}} \cdot x + W \cdot h_{t-1} + b_h)$$
$$y_t = W_{\text{out}} \cdot h_t + b_y$$

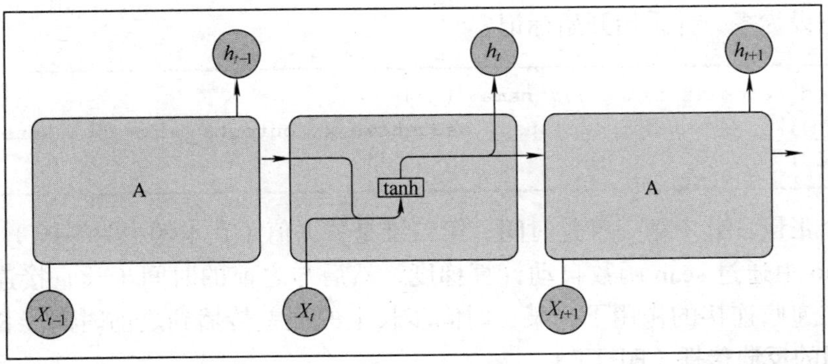


RNN 网络可展开成一个以序列 $[x(t)]_t$ 为输入的前馈神经网络，且采用不同时间步长的共享参数。

输入和输出的第一维都是时间，而下一维度是每个时间步长中的数据维度。正如第 3 章所述，时间步长上的值（一个单词或一个字符）可表示为一个序号（整数，零维）或

one-hot 编码向量（一维）。前者占用内存较少。在本例中，输入 / 输出序列都是一维时间向量表示：

```
x = T.ivector()
y = T.ivector()
```

训练程序的结构与第 2 章 基于前馈网络的手写体数字分类中的前馈网络相同，只是定义了一个递归模块来使得在不同时间步长上共享相同的权重：

```
embedding_size = len(index_)
n_hidden=500
```

首先，定义隐层和输入层权重：

```
U = shared_glorot_uniform(( embedding_size,n_hidden), name="U")
W = shared_glorot_uniform((n_hidden, n_hidden), name="W")
bh = shared_zeros((n_hidden,), name="bh")
```

以及输出层权重：

```
V = shared_glorot_uniform(( n_hidden, embedding_size), name="V")
by = shared_zeros((embedding_size,), name="by")

params = [U,V,W,by,bh]

def step(x_t, h_tm1):
    h_t = T.tanh(U[x_t] + T.dot( h_tm1, W) + bh)
    y_t = T.dot(h_t, V) + by
    return h_t, y_t
```

初始状态设为零，并采用开始标记：

```
h0 = shared_zeros((n_hidden,), name='h0')
[h, y_pred], _ = theano.scan(step, sequences=x, outputs_info=[h0, None], truncate_
gradient=10)
```

返回两个张量：其中第一维是时间；第二维是数据值（在本例中为零维）。

在 Theano 中通过 scan 函数自动计算梯度，然后与之前的时间步长直接连接和递归连接。由此，在递归连接的作用下，某一时间步长上的误差传播到之前时间步长，这种机制称为**通过时间的反向传播**（BPTT）。

在经过大量时间步长后，会出现梯度爆炸或消失现象。这正是本例中 10 个时间步长后梯度截断的原因，由此误差不会进一步反向传播到之前的时间步长中。

对于其余步骤，与之前的分类步骤相同：

```
model = T.nnet.softmax(y_pred)
y_out = T.argmax(model, axis=-1)
cost = -T.mean(T.log(model)[T.arange(y.shape[0]), y])
```

由此返回每一时间步长的向量值。

### 4.3.1 LSTM 网络

RNN 的一个主要问题是由于消失 / 爆炸梯度效应和截断误差反向传播原因而难以有效获取长期依赖关系。

为解决上述问题，研究人员一直在寻找各种解决方案。1997 年提出了一种新型递归网络，其中包含一个称为细胞状态的内存单元，用于专门保存和传输长期信息。

在每个时间步长中，根据门控机制，单元值可以部分更新后成为候选单元，以及部分清除。通过更新门和遗忘门这两种门来确定如何在给定之前的隐态值和当前输入值条件下来更新单元。

$$g_u = \sigma\left(W_{ui}x_t + W_{uh}h_{t-1} + W_{uc}c_{t-1}\right)$$
$$g_f = \sigma\left(W_{fi}x_t + W_{fh}h_{t-1} + W_{fc}c_{t-1}\right)$$

候选单元计算方式如下：

$$\varsigma = \tanh\left(W_{ci}x_t + W_{ch}h_{t-1}\right)$$

新的单元状态计算如下：

$$c_t = g_f * c_{t-1} + g_u * \varsigma$$

对于新的隐态，输出门确定哪些单元值信息输出：

$$g_o = \sigma\left(W_{oi}x_t + W_{oh}h_{t-1} + W_{oc}c_{t-1}\right)$$
$$h_t = \tanh\left(c_t\right) * g_o$$

其余过程与简单 RNN 相同：

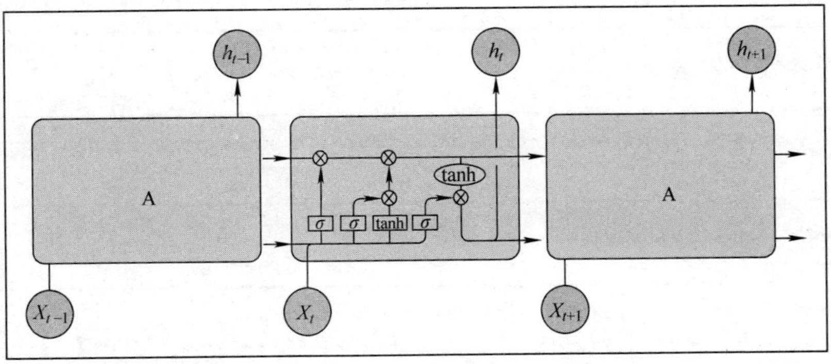

这种机制可允许网络存储某些信息以便于随后进一步使用，这要优于简单 RNN。

目前已设计了多种 LSTM，这取决于具体问题，以测试其性能。

在本例中，采用门控状态和候选单元均利用之前隐态和单元状态的改进 LSTM。

在 Theano 中，定义权重如下：

—输入门：

```
W_xi = shared_glorot_uniform(( embedding_size,n_hidden))
W_hi = shared_glorot_uniform(( n_hidden,n_hidden))
W_ci = shared_glorot_uniform(( n_hidden,n_hidden))
b_i = shared_zeros((n_hidden,))
```

—遗忘门：

```
W_xf = shared_glorot_uniform(( embedding_size, n_hidden))
W_hf = shared_glorot_uniform(( n_hidden,n_hidden))
W_cf = shared_glorot_uniform(( n_hidden,n_hidden))
b_f = shared_zeros((n_hidden,))
```

—输出门：

```
W_xo = shared_glorot_uniform(( embedding_size, n_hidden))
W_ho = shared_glorot_uniform(( n_hidden,n_hidden))
W_co = shared_glorot_uniform(( n_hidden,n_hidden))
b_o = shared_zeros((n_hidden,))
```

—单元：

```
W_xc = shared_glorot_uniform(( embedding_size, n_hidden))
W_hc = shared_glorot_uniform(( n_hidden,n_hidden))
b_c = shared_zeros((n_hidden,))
```

—输出层：

```
W_y = shared_glorot_uniform(( n_hidden, embedding_size), name="V")
b_y = shared_zeros((embedding_size,), name="by")
```

所有训练参数的数组为

```
params = [W_xi,W_hi,W_ci,b_i,W_xf,W_hf,W_cf,b_f,W_xo,W_ho,W_co,b_o,W_xc,W_hc,b_c,W_
y,b_y]
```

步进函数位于递归循环中：

```
def step(x_t, h_tm1, c_tm1):
    i_t = T.nnet.sigmoid(W_xi[x_t] + T.dot(W_hi, h_tm1) + T.dot(W_ci, c_tm1) + b_i)
```

```
    f_t = T.nnet.sigmoid(W_xf[x_t] + T.dot(W_hf, h_tm1) + T.dot(W_cf, c_tm1) + b_f)
    c_t = f_t * c_tm1 + i_t * T.tanh(W_xc[x_t] + T.dot(W_hc, h_tm1) + b_c)
    o_t = T.nnet.sigmoid(W_xo[x_t] + T.dot(W_ho, h_tm1) + T.dot(W_co, c_t) + b_o)
    h_t = o_t * T.tanh(c_t)
    y_t = T.dot(h_t, W_y) + b_y
    return h_t, c_t, y_t
```

接下来，利用扫描算子创建递归循环：

```
h0 = shared_zeros((n_hidden,), name='h0')
c0 = shared_zeros((n_hidden,), name='c0')
[h, c, y_pred], _ = theano.scan(step,
    sequences=x,
    outputs_info=[h0, c0, None],
    truncate_gradient=10)
```

### 4.3.2 门控递归网络

GRU 是一种代替 LSTM，而无需外部单元的简化机制。

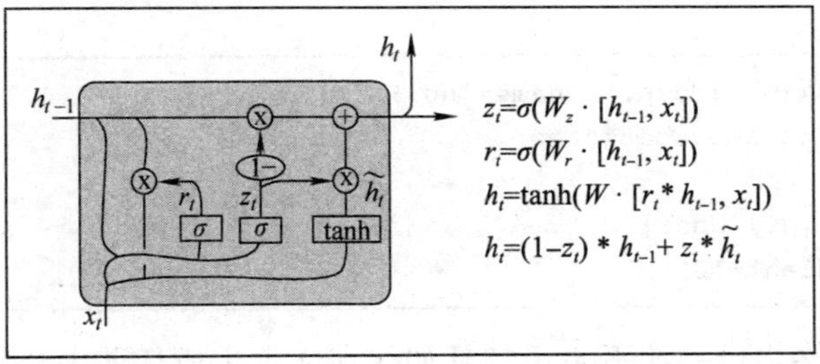


构建一个门控递归网络的代码中主要包括如上所述的权重定义和 step 函数：

—更新门的权重：

```
W_xz = shared_glorot_uniform(( embedding_size,n_hidden))
W_hz = shared_glorot_uniform(( n_hidden,n_hidden))
b_z = shared_zeros((n_hidden,))
```

—复位门的权重：

```
W_xr = shared_glorot_uniform(( embedding_size,n_hidden))
W_hr = shared_glorot_uniform(( n_hidden,n_hidden))
b_r = shared_zeros((n_hidden,))
```

—隐层的权重：

```
W_xh = shared_glorot_uniform(( embedding_size,n_hidden))
W_hh = shared_glorot_uniform(( n_hidden,n_hidden))
b_h = shared_zeros((n_hidden,))
```

—输出层的权重：

```
W_y = sha red_glorot_uniform(( n_hidden, embedding_size), name="V")
b_y = shared _zeros((embedding_size,), name="by")
```

训练参数：

```
params = [W_xz, W_hz, b_z, W_xr, W_hr, b_r, W_xh, W_hh, b_h, W_y, b_y]
```

步进函数：

```
def step(x_t, h_tm1):
    z_t = T.nnet.sigmoid(W_xz[x_t] + T.dot(W_hz, h_tm1) + b_z)
    r_t = T.nnet.sigmoid(W_xr[x_t] + T.dot(W_hr, h_tm1) + b_r)
    can_h_t = T.tanh(W_xh[x_t] + r_t * T.dot(W_hh, h_tm1) + b_h)
    h_t = (1 - z_t) * h_tm1 + z_t * can_h_t
    y_t = T.dot(h_t, W_y) + b_y
    return h_t, y_t
```

递归循环：

```
h0 = shared_zeros((n_hidden,), name='h0')
[h, y_pred], _ = theano.scan(step,
    sequences=x,
    outputs_info=[h0, None],
    truncate_gradient=10)
```

在介绍了主要网络之后，接下来了解其如何在文本生成任务中具体执行。

## 4.4 自然语言性能评测

**单词错误率（WER）**或**字符错误率（CER）**相当于指定在自然语言处理方面的精度。语言模型的评价通常采用困惑率来表示，简单如下：

$$e^{\text{cross-entropy}}$$

## 4.5 训练损失比较

在训练过程中，经过一定数量的微调周期，学习率可能会很高。在损失不再减少的情况下降低学习率将有助于训练中的最后阶段。为降低学习率，需要在编译时将其定义为输入变量：

```
lr = T.scalar('learning_rate')
train_model = theano.function(inputs=[x,y,lr],
                              outputs=cost,
                              updates=updates)
```

在训练过程中，如果训练损失不佳，则需调节学习率，使之降低：

```
if (len(train_loss) > 1 and train_loss[-1] > train_loss[-2]):
    learning_rate = learning_rate * 0.5
```

作为第一个实验，首先观察一个简单 RNN 中隐层个数对训练损失的影响。

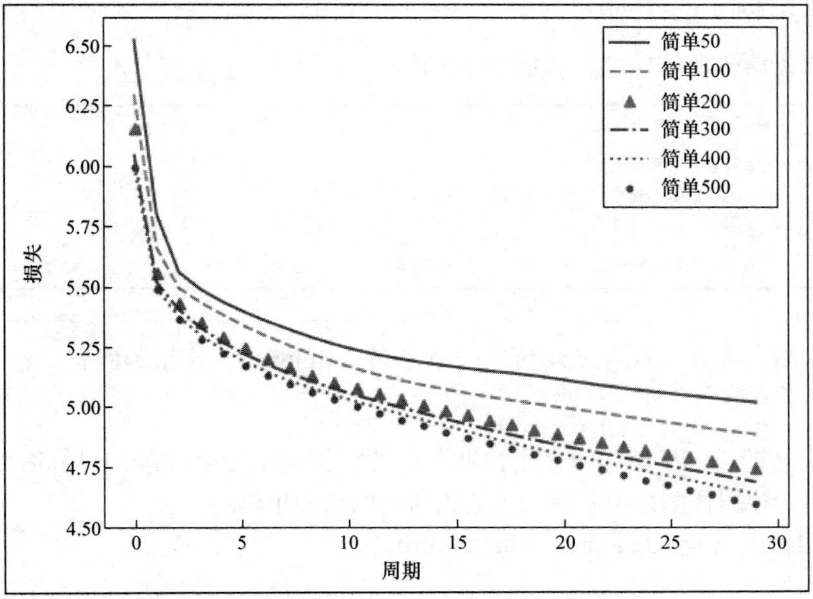


隐层单元越多，越能加快训练速度，并得到更好的最终结果。为进行验证，应在更多的周期内运行该网络。

在此，进行不同类型网络的训练性能比较时，不考虑 LSTM 和 GRU 的任何改进：

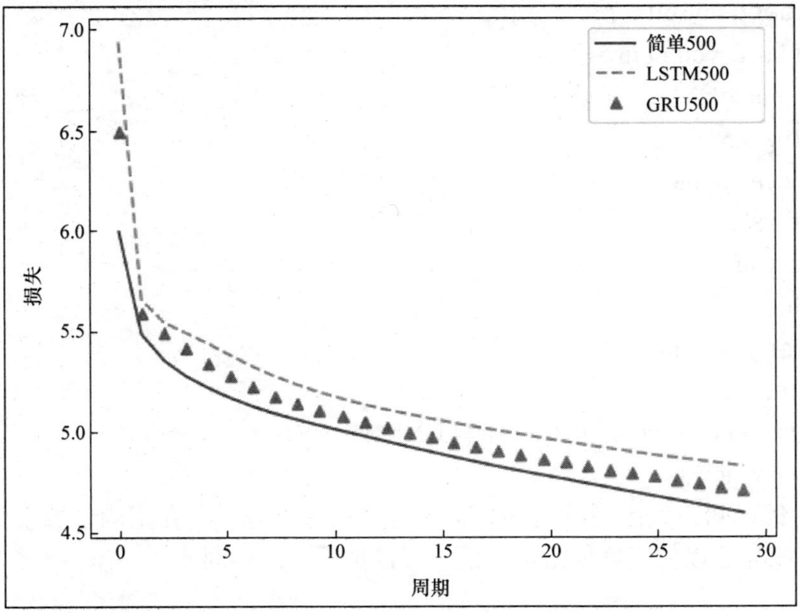

上图结果可能是采用 truncate_gradient 操作的原因，或是由于该问题太简单且与内存大小无关。

另一个需要调节的参数是单词作为字典中的一部分出现的最小次数。次数越多，意味着将学习出现更为频繁的单词，学习效果也越好。

## 4.6 预测示例

现在，根据所生成的模型，来预测一个语句：

```
sentence = [0]
while sentence[-1] != 1:
    pred = predict_model(sentence)[-1]
    sentence.append(pred)
print(" ".join([ index_[w] for w in sentence[1:-1]]))
```

> 在此，要选择最有可能的下一个单词（argmax），为增加随机性，是根据预测概率来绘制下一个单词。

在 150 个周期后，虽然学习莎士比亚著作的模型尚未完全收敛，但依然可以在初始给定一些单词后，根据预测由模型网络生成该语句的后面单词：

- First citizen: A word , i know what a word
- How now!
- Do you not this asleep , i say upon this?
- Sicinius: What, art thou my master?
- Well, sir, come.
- I have been myself
- A most hose, you in thy hour, sir
- He shall not this
- Pray you, sir
- Come, come, you
- The crows?
- I'll give you
- What, ho!
- Consider you, sir
- No more!
- Let us be gone, or your UNKNOWN UNKNOWN, i do me to do
- We are not now

由上述示例可知，该模型已经学会正确地定位标点符号，在正确位置上添加句号、逗号、问号或感叹号，以便正确地指示宾语、间接宾语和形容词。

原文是由莎士比亚风格的短句组成。诸如维基百科网页的较长文章，以及控制过拟合的有效分割断句的进一步训练，将会生成更长的文本。第 10 章　基于先进递归神经网络的时间序列预测，将介绍如何通过先进 RNN 来预测时间序列，并给出本章的高级版本。

## 4.7　RNN 的应用

本节介绍了简单 RNN、LSTM 和 GRU 模型，这些模型在序列生成或序列理解方面都有着广泛应用：

- 文本生成，如奥巴马政治演讲的自动生成（obama-rnn），例如以下文本种子：

*Good afternoon. God bless you. The United States will step up to the cost of a new challenges of the American people that will share the fact that we created the problem. They were attacked and so that they have to say that all the task of the final days of war that I will not be able to get this done. The promise of the men and women who were still going to take out the fact that the American people have fought to make sure that they have to be able to protect our part. It was a chance to stand together to completely look for the commitment to borrow from the American people. And the fact is the men and women in uniform and the millions of our country with the law system that we should be a strong stretcks of the forces that we can afford to increase our spirit of the American people and the leadership of our country who are on the Internet of American lives.*

*Thank you very much. God bless you, and God bless the United States of America.*

上例的具体细节可参见 https://medium.com/@ samim/obama-rnn-machine-generated-political-speechesc8abd18a2ea0#.4nee5wafe。

- 文本注释，如**词性**（**POS**）标签：名词、动词、小品词、副词和形容词。
- 生成手写体：http://www.cs.toronto.edu/~graves/handwriting.html。

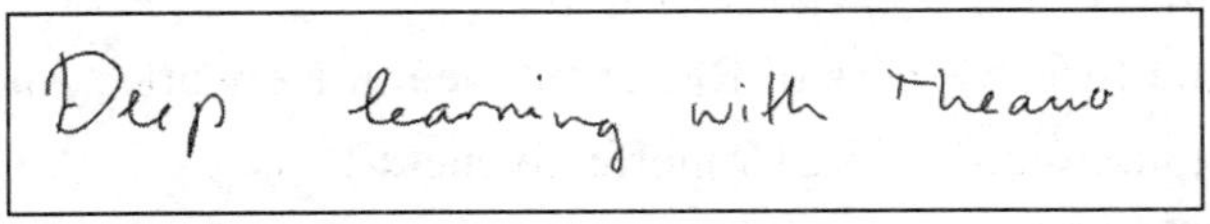

- 根据 Sketch-RNN 模型进行单词绘制（https://github.com/hardmaru/sketch-rnn）。

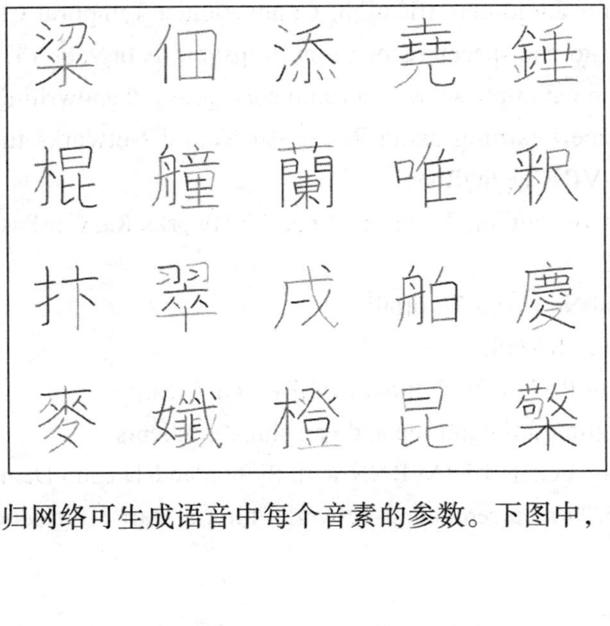

- **语音合成**：递归网络可生成语音中每个音素的参数。下图中，时—频同质块按音素

（或字素或字母）分类。

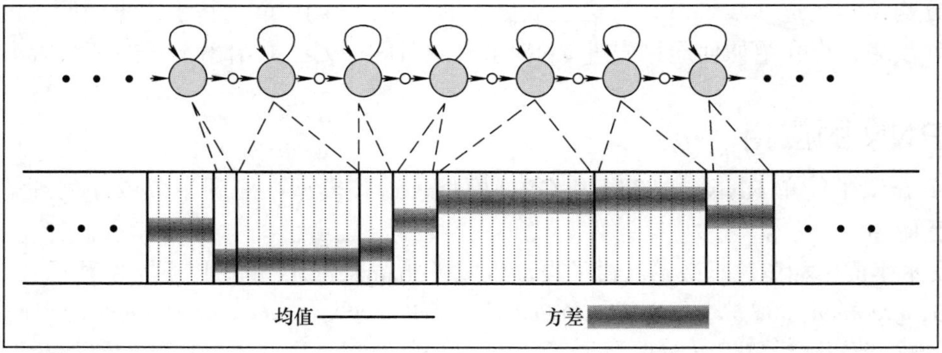


• 音乐生成：

° 旋律生成：https://github.com/tensorflow/magenta/tree/master/magenta/models/melody_rnn。

° 基于 Mozart-RNN 的莫扎特风格音乐生成：http://www.hexahedria.com/2015/08/03/composing-music-withrecurrent-neural-networks/。

• 任何序列分类，如第 5 章　基于双向 LSTM 的情感分析中的情感分析（积极、消极或中性情绪）。

• 第 6 章　基于空间变换网络的定位中的序列编码或解码。

## 4.8 延伸阅读

有关本章的更多相关内容，可参阅下列文献：

• The Unreasonable Effectiveness of Recurrent Neural Networks, Andrej Karpathy May 21, 2015(http://karpathy.github.io/2015/05/21/rnneffectiveness/)。

• Understanding LSTM Networks on Christopher Colah's blog's, 2015 (http://colah.github.io/posts/2015-08-Understanding-LSTMs/)。

• Use of LSTM for audio classification: Connectionist Temporal Classification and Deep Speech: Scaling up end-to-end speech recognition (https://arxiv.org/abs/1412.5567)。

• Handwriting demo at http://www.cs.toronto.edu/~graves/handwriting.html。

• General Sequence Learning using Recurrent Neural Networks tutorial at https://www.youtube.com/watch?v=VINCQghQRuM。

• On the difficulty of training Recurrent Neural Networks Razvan Pascanu, Tomas Mikolov, Yoshua Bengio 2012。

• Recurrent Neural Networks Tutorial:

° Introduction to RNNS。

° Implementing RNN with Python, NumPy, and Theano。

° Backpropagation through time and vanishing gradients。

° Implementing a GRU/LSTM RNN with Python and Theano Denny Britz 2015 at http://www.wildml.com/2015/09/recurrentneural-networks-tutorial-part-1-introduction-to-rnns/。

- LONG SHORT-TERM MEMORY, Sepp Hochreiter, Jürgen Schmidhuber, 1997。

## 4.9 小结

RNN 具有处理离散或连续数据变长输入 / 输出的能力。

之前的前馈网络只能处理单输入单输出（一对一机制）的情况，而本章介绍的递归神经网络对于深度学习的输入 / 输出增加了新的操作机制（一对多、多对多或多对一），从而提供了可变长度表示和固定长度表示之间相互转换的可能性。

RNN 的应用范围很广。为此，将在以后的内容中进行深入研究，尤其是如何增强这 3 种模型的预测能力，以及如何将其组合来构建多模态、问答系统或翻译等应用。

在第 5 章中，将分析一个用于情感分析的文本嵌套和递归网络实例。同时，还将回顾这些递归单元在 Keras 库中的应用，Keras 库是用于 Theano 的一个简化模型的深度学习库。

# 第 5 章 基于双向 LSTM 的情感分析

本章主要是从实践出发更好地理解前两章中介绍的常用 RNN 和单词嵌套。

同时也向读者介绍一个深度学习的新应用——情感分析，这是**自然语言处理（NLP）**的另一个领域。情感分析是一个多对一的机制，其中一个可变长度的单词序列须划分为某一类。直接应用这种机制的一个 NLP 问题是语言检测问题（英语、法语、德语、意大利语等）。

第 4 章演示了如何从头开始构建一个 RNN，本章是介绍如何在 Theano 的顶层构建一个高级库——Keras，以利用预构建模块来实现和训练模型。根据该示例，读者能够确定何时在项目中使用 Keras。

本章主要包括以下内容：

- 递归神经网络和单词嵌套概述；
- 情感分析；
- Keras 库；
- 双向递归网络。

自动情感分析是识别文本中所表达观点的问题。通常涉及将文本分类为积极、消极和中性等类别。观点是几乎所有人类活动的核心，且是行为活动的关键影响因素。

近年来，神经网络和深度学习方法已用于构建情感分析系统。这种系统通常具有特征集的自学习能力，以克服人工方法的不足。

相关文献已表明 RNN 是一种表征序列输入（如文本）的非常实用的技术。递归神经网络的一种特殊扩展称为**双向递归神经网络（BRNN）**，可获取文本中承上启下的语境信息。

本章将通过一个示例来表明如何使用一个利用**长短期记忆（LSTM）**架构的双向递归神经网络来处理情感分析问题。目标是在给定文本输入（即单词序列）的情况下，实现一个能够预测其是积极、消极或中性的模型。

## 5.1 Keras 的安装和配置

Keras 是一种 Python 编写的高级神经网络 API，可在 TensorFlow 或 Theano 的顶层上运行。Keras 的开发是为了尽可能快捷方便地实现深度学习模型，以进行研究和开发。通过 conda 可非常方便地安装 Keras，具体如下：

```
conda install keras
```

在编写 Python 代码时，导入 Keras 会提示使用哪些后台：

```
>>> import keras
Using Theano backend.
Using cuDNN version 5110 on context None
Preallocating 10867/11439 Mb (0.950000) on cuda0
Mapped name None to device cuda0: Tesla K80 (0000:83:00.0)
Mapped name dev0 to device cuda0: Tesla K80 (0000:83:00.0)
Using cuDNN version 5110 on context dev1
Preallocating 10867/11439 Mb (0.950000) on cuda1
Mapped name dev1 to device cuda1: Tesla K80 (0000:84:00.0)
```

如果已安装 Tensorflow，则可能无需使用 Theano。为指定要使用哪些后台，需编写一个 Keras 配置文件 ~/.keras/keras.json：

```
{
    "epsilon": 1e-07,
    "floatx": "float32",
    "image_data_format": "channels_last",
    "backend": "theano"
}
```

另外，还可以通过环境变量来指定 Theano 的后台：

```
KERAS_BACKEND=theano python
```

注意，所用的设备是在 ~/.theanorc 文件中指定的 Theano 设备。同样，也可以通过 Theano 环境变量来修改这些变量：

```
KERAS_BACKEND=theano THEANO_FLAGS=device=cuda,floatX=float32,mode=FAST_
RUN python
```

### 5.1.1 Keras 编程

Keras 提供了一组数据预处理和建模的方法。

层和模型都是 tensors 和返回 tensors 的调用函数。在 Keras 中，层 / 模块和模型之间没有区别：一个模型可以是一个更大模型中的一部分，并由多个层组成。这种子模型的作用相当于一个模块以及输入 / 输出。

接下来，创建一个包括两个线性层的网络，其中还具有一个 ReLU 非线性层和一个 softmax 输出层：

```
from keras.layers import Input, Dense
from keras.models import Model

inputs = Input(shape=(784,))
```

```
x = Dense(64, activation='relu')(inputs)
predictions = Dense(10, activation='softmax')(x)
model = Model(inputs=inputs, outputs=predictions)
```

model 模块包含了获取一个或多个输入 / 输出时输入和输出形状的方法，在此列出该模块的所有子模块：

```
>>> model.input_shape
(None, 784)

>>> model.get_input_shape_at(0)
(None, 784)

>>> model.output_shape
(None, 10)

>>> model.get_output_shape_at(0)
(None, 10)

>>> model.name
'sequential_1'

>>> model.input
/dense_3_input

>>> model.output
Softmax.0

>>> model.get_output_at(0)
Softmax.0

>>> model.layers
[<keras.layers.core.Dense object at 0x7f0abf7d6a90>, <keras.layers.core.Dense
object at 0x7f0abf74af90>]
```

为避免指定每一层的输入，Keras 提出了一种通过 Sequential 模块来编写模型的功能，从而构建一个新的模块或组合模型。

模型建模的定义与之前所示的建模方法完全相同，并利用 input_dim 来指定块的输入维度，否则会由于信息未知而产生错误信息：

```
from keras.models import Sequential
from keras.layers import Dense, Activation

model = Sequential()
model.add(Dense(units=64, input_dim=784, activation='relu'))
model.add(Dense(units=10, activation='softmax'))
```

在此，model 可看作作为更大规模模型中一部分的一个模块或层：

```
model2 = Sequential()
model2.add(model)
model2.add(Dense(units=10, activation='softmax'))
```

然后对每个模块 / 模型 / 层进行编译，并通过数据进行训练：

```
model.compile(optimizer='rmsprop',
              loss='categorical_crossentropy',
              metrics=['accuracy'])
model.fit(data, labels)
```

接下来，分析 Keras 的实际应用。

### 5.1.2 SemEval 2013 数据集

首先，从准备数据开始。本章中，将采用 SemEval 2013 竞赛所提供的 Twitter 监督式情感分类任务中的标准数据集（消息级）。该数据集包括 3662 条推特作为训练集、575 条推特作为开发集以及 1572 条推特作为测试集。数据集中的每个样本都包括推特 ID、极性（积极、消极或中性）和推特内容。

首先下载数据集：

```
wget http://alt.qcri.org/semeval2014/task9/data/uploads/semeval2013_
task2_train.zip
wget http://alt.qcri.org/semeval2014/task9/data/uploads/semeval2013_
task2_dev.zip
wget http://alt.qcri.org/semeval2014/task9/data/uploads/semeval2013_
task2_test_fixed.zip
unzip semeval2013_task2_train.zip
unzip semeval2013_task2_dev.zip
unzip semeval2013_task2_test_fixed.zip
```

其中，A 是指子任务 A，即本章主要解决的消息级情感分析，而 B 是指子任务 B，即单词级情感分析。

Input 目录中不包含标签，只是推特内容。Full 目录中包含多层次分类：主观或客观。在此所关注的是 gold 或 cleansed 目录中的内容。

接下来，通过脚本进行转换：

```
pip install bs4
python download_tweets.py train/cleansed/twitter-train-cleansed-A.tsv
> sem_eval2103.train
python download_tweets.py dev/gold/twitter-dev-gold-A.tsv > sem_
eval2103.dev
python download_tweets.py SemEval2013_task2_test_fixed/gold/twittertest-
gold-A.tsv > sem_eval2103.test
```

## 5.2 文本数据预处理

众所周知，在推特上常用 URL、用户 @ 和主题标签。因此，首先需要对推特进行如下预处理。

确保使用空格分隔所有标记。每条推特都是小写。

URL、用户 @ 和主题标签分别用 <url>、<user> 和 <hashtag> 标记。这是在进程功能中完成的，将推特作为输入，使用 NLTK TweetTokenizer 来标记，对其进行预处理，并返回推特中的单词集（标记）：

```
import re
from nltk.tokenize import TweetTokenizer

def process(tweet):
  tknz = TweetTokenizer()
  tokens = tknz.tokenize(tweet)
  tweet = " ".join(tokens)
  tweet = tweet.lower()
  tweet = re.sub(r'http[s]?://(?:[a-z]|[0-9]|[$-_@.&amp;+]|[!*\
(\),]|(?:%[0-9a-f][0-9a-f]))+', '<url>', tweet) # URLs
  tweet = re.sub(r'(?:@[\w_]+)', '<user>', tweet)  # user-mentions
  tweet = re.sub(r'(?:\#+[\w_]+[\w\'_\-]*[\w_]+)', '<hashtag>', tweet)  # hashtags
  tweet = re.sub(r'(?:(?:\d+,?)+(?:\.?\d+)?)', '<number>', tweet)  # numbers
  return tweet.split(" ")
```

例如，如果一条推特为 RT @mhj: just an example! :D http://example.com #NLP，则处理过程如下：

```
tweet = 'RT @mhj: just an example! :D http://example.com #NLP'
print(process(tweet))
```

返回

```
[u'rt', u'\<user\>', u':', u'just', u'an', u'example', u'!', u':d',
u'\<url\>', u'\<hashtag\>']
```

下列函数是用于读取数据集并返回一个元组列表，其中每个元组表示一个（推特、类）样本，且每个类是定义极性的 {0,1,2} 中的一个整数：

```
def read_data(file_name):
  tweets = []
  labels = []
  polarity2idx = {'positive': 0, 'negative': 1, 'neutral': 2}
  with open(file_name) as fin:
    for line in fin:
      _, _, _, _, polarity, tweet = line.strip().split("\t")
```

```
            tweet = process(tweet)
            cls = polarity2idx[polarity]
            tweets.append(tweet)
            labels.append(cls)
        return tweets, labels

train_file = 'sem_eval2103.train'
dev_file = 'sem_eval2103.dev'

train_tweets, y_train = read_data(train_file)
dev_tweets, y_dev = read_data(dev_file)
```

现在，可以构建词汇表，这是一个将每个单词与固定索引相映射的词典。下列函数用于接收一组输入数据并返回推特的词汇表和最大长度：

```
def get_vocabulary(data):
  max_len = 0
  index = 0
  word2idx = {'<unknown>': index}
  for tweet in data:
    max_len = max(max_len, len(tweet))
    for word in tweet:
      if word not in word2idx:
        index += 1
        word2idx[word] = index
  return word2idx, max_len

word2idx, max_len = get_vocabulary(train_tweets)
vocab_size = len(word2idx)
```

另外，还需要一个函数在单词存在的情况下根据词汇表将每条推特或一组推特转换为索引，或用未知标记（索引 0）来替换**词汇表之外**（OOV）的单词，具体如下：

```
def transfer(data, word2idx):
  transfer_data = []
  for tweet in data:
    tweet2vec = []
    for word in tweet:
      if word in word2idx:
        tweet2vec.append(word2idx[word])
      else:
        tweet2vec.append(0)
    transfer_data.append(tweet2vec)
  return transfer_data

X_train = transfer(train_tweets, word2idx)
X_dev  = transfer(dev_tweets, word2idx)
```

由此可节省一些内存：

```
del train_tweets, dev_tweets
```

Keras 提供了一个辅助方来补齐序列，以使得其均有相同长度，从而可用一个张量表示一批序列，并在 CPU 或 GPU 上执行张量优化操作。

默认情况下，在一开始时使用补齐方法，这有助于获得更好的分类结果：

$$\begin{bmatrix} [1\ \ 3\ \ 6] \\ [7\ \ 1\ \ 9\ \ 4\ \ 5] \\ [1] \\ [1\ \ 8\ \ 7] \end{bmatrix} \longrightarrow \begin{bmatrix} 0 & 0 & 1 & 3 & 6 \\ 7 & 1 & 9 & 4 & 5 \\ 0 & 0 & 0 & 0 & 1 \\ 0 & 0 & 1 & 8 & 7 \end{bmatrix}$$

```
from keras.preprocessing.sequence import pad_sequences
X_train = pad_sequences(X_train, maxlen=max_len, truncating='post')
X_dev = pad_sequences(X_dev, maxlen=max_len, truncating='post')
```

最后，Keras 还提供了一种通过增加一维将分类转换为 one-hot 编码表示的方法：

$$\underset{(5,)}{\begin{bmatrix} 1 \\ 0 \\ 2 \\ 1 \\ 2 \end{bmatrix}} \rightarrow \underset{(5,3)}{\begin{bmatrix} 0\,1\,0 \\ 1\,0\,0 \\ 0\,0\,1 \\ 0\,1\,0 \\ 0\,0\,1 \end{bmatrix}}$$

利用 Keras 中的 to_categorical 方法：

```
from keras.utils.np_utils import to_categorical
y_train = to_categorical(y_train)
y_dev = to_categorical(y_dev)
```

## 5.3 模型架构设计

本例中模型的主要模块包括：

• 首先，输入语句的单词映射到实数向量。这称为单词的向量表征或单词嵌套（更多细节参见第 3 章　单词的向量编码）。

• 其次，该向量序列利用双向 LSTM 编码器由一个固定长度的实数向量表征。该向量涵盖了整个输入语句，并包含了单词向量中的语义、语法和 / 或情感信息。

• 最后，该向量通过一个 softmax 分类器，将语句分类为积极、消极或中性。

### 5.3.1 单词的向量表征

单词嵌套是一种将单词表示为实数向量的分布式语义方法。这种表示具有非常有用的聚类特性，这是因为与语义和语法相关的单词是由类似的向量表征（见第 3 章　单词的向量编码）。

这一步的主要目的是将每个单词映射成一个连续、低维的实数向量，从而可作为任何模型的输入。所有单词向量都堆栈存储到一个矩阵$E \in \mathbb{R}^{d \times N}$；其中，$N$ 为词汇表大小，$d$ 为向量维度。该矩阵称为嵌套层或查找表层。嵌套矩阵可使用预训练模型（如 Word2vec 或 Glove）进行初始化。

在 Keras 中，可方便地定义嵌套层如下：

```
from keras.layers import Embedding
d = 100
emb_layer = Embedding(vocab_size + 1, output_dim=d, input_length=max_
len)
```

第一个参数表示词汇表的大小，output_dim 为向量维度，input_length 为输入序列的长度。

接下来，将该层作为输入层添加到模型中，并将该模型声明为一个序列模型：

```
from keras.models import Sequential
model = Sequential()
model.add(emb_layer)
```

### 5.3.2　基于双向 LSTM 的语句表征

RNN 具有表征语句等序列的能力。然而在实际中，由于消失 / 爆炸梯度的原因，学习 vanilla RNN 的长期依赖项是非常困难的。正如前面所述，**长短期记忆（LSTM）**网络的设计具有更持久的记忆（即状态），专用于保存和传输长期信息，使之在获取序列元素之间的长期依赖项时非常有用。

LSTM 单元是本章所使用模型中的基本组件。

Keras 提出了一种在多个时间步长中复制任何模型的 TimeDistributed 方法，并使其递归应用。但对于常用的递归单元（如 LSTM），Keras 中已有相应模块：

```
from keras.layers import LSTM
rnn_size = 64
lstm = LSTM(rnn_size, input_shape=(max_len, d))
```

以下完全相同：

```
lstm = LSTM(rnn_size, input_dim=d, input_length=max_len)
```

对于随后的层，无需指定输入大小（这是由于 LSTM 层位于嵌套层之后的原因），因此可简单定义 lstm 单元如下：

```
lstm = LSTM(rnn_size)
```

最后，值得注意的是，在该模型中，希望使用一个双向 LSTM。现已表明该 LSTM 单元可产生更好的结果，根据之前的单词以及随后出现的单词来获取当前单词的含义：

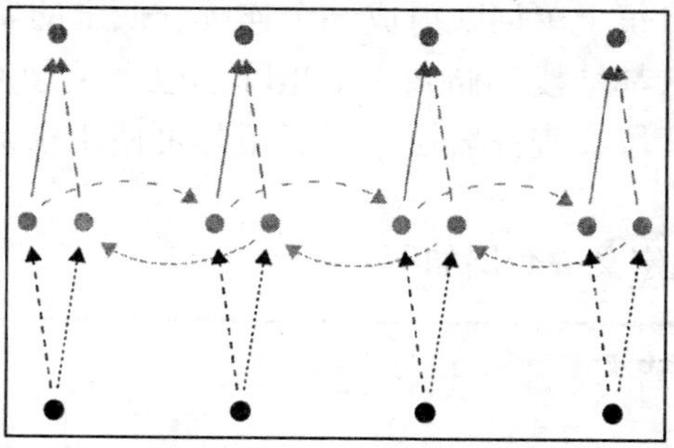

为使得该单元能够双向处理输入，在此采用一种用于 RNN 的双向封装器——Bidirectional：

```
from keras.layers import Bidirectional
bi_lstm = Bidirectional(lstm)
model.add(bi_lstm)
```

### 5.3.3 softmax 分类器的输出概率

最后，将从 bi_lstm 得到的向量传递给一个 softmax 分类器，具体如下：

```
from keras.layers import Dense, Activation
nb_classes = 3
fc = Dense(nb_classes)
classifier = Activation('softmax')
model.add(fc)
model.add(classifier)
```

在此，输出打印模型的信息：

```
print(model.summary())
Which will end with the results:
Using Theano backend:
____________________________________________________________________________
Layer (type)                     Output Shape Param #        Connected to
============================================================================
embedding_1 (Embedding)          (None, 30, 100) 10000100  embedding_input_1[0][0]
____________________________________________________________________________
bidirectional_1 (Bidirectional) (None, 128)     84480     embedding_1[0][0]
____________________________________________________________________________
dense_1 (Dense)                  (None, 3)         387  bidirectional_1[0][0]
____________________________________________________________________________
activation_1 (Activation)        (None, 3)           0         dense_1[0][0]
============================================================================
```

```
Total params: 10,084,967
Trainable params: 10,084,967
Non-trainable params: 0
_________________________________________________________________
```

## 5.4 模型编译与训练

现在模型定义完成，就可以进行编译了。在 Keras 中编译模型，需要确定优化器和损失函数，并选择评价指标。正如之前所述，此时的问题是预测推特消息是积极、消极还是中性的。该问题称为一个多类别分类问题。因此，本例中所用的损失（目标）函数是 categorical_crossentropy。另外，选择 rmsprop 优化器和精度评价指标。

在 Keras 中，提供了最先进的优化器、目标函数和评价指标。利用编译函数，可以非常容易地在 Keras 中编译模型：

```
model.compile(optimizer='rmsprop',
              loss='categorical_crossentropy',
              metrics=['accuracy'])
```

至此，已经定义并编译了模型，现在就开始进行训练了。可通过调用 fit 函数在定义数据上训练或拟合模型。

训练过程在整个数据集中进行一定次数的迭代，称为周期，可用 epochs 参数进行指定。还可利用 batch_size 参数来设置每一时间步馈入模型的实例个数。在本例中，设置 epochs=30，以及批大小为 10。另外，在训练过程中通过 validation_data 参数显式提供开发集或通过 validation_split 参数从训练集中选择一个子集来评估模型。在本例中，采用之前定义的开发集：

```
model.fit(x=X_train, y=y_train, batch_size=10, epochs=30, validation_
data=[X_dev, y_dev])
```

## 5.5 模型评估

在训练测试中已完成模型训练，现在可以在测试集上评估模型的性能。这可由 evaluation() 函数完成。该函数在测试模式下可返回模型的损失值和评测值：

```
test_file = 'sem_eval2103.test'
test_tweets, y_test = read_data(test_file)

X_test = transfer(test_tweets, word2idx)

del test_twee

X_test = pad_sequences(X_test, maxlen=max_len, truncating='post')
```

```
y_test = to_categorical(y_test)

test_loss, test_acc = model.evaluate(X_test, y_test)

print("Testing loss: {:.5}; Testing Accuracy: {:.2%}" .format(test_
loss, test_acc))
```

## 5.6 模型保存与加载

为保存 Keras 模型的权重，只需调用 save 函数，则模型可序列保存为 .hdf5 格式：

```
model.save('bi_lstm_sentiment.h5')
```

加载模型时，使用 Keras 提供的 load_model 函数，具体如下：

```
from keras.models import load_model
loaded_model = load_model('bi_lstm_sentiment.h5')
```

现在已准备好进行评估，而无需编译。例如，在同一测试集上，必须得到相同的结果：

```
test_loss, test_acc = loaded_model.evaluate(X_test, y_test)
print("Testing loss: {:.5}; Testing Accuracy: {:.2%}" .format(test_
loss, test_acc))
```

## 5.7 示例运行

为运行模型，可执行下列命令行：

```
python bilstm.py
```

## 5.8 延伸阅读

有关本章的更多相关内容，可参阅下列文献：

• SemEval Sentiment Analysis in Twitter https://www.cs.york.ac.uk/semeval-2013/task2.html

• Personality insights with IBM Watson demo https://personality-insightslivedemo.

• mybluemix.net/

• Tone analyzer https://tone-analyzer-demo.mybluemix.net/

• Keras https://keras.io/

• Deep Speech: Scaling up end-to-end speech recognition, Awni Hannun, Carl Case, Jared Casper, Bryan Catanzaro, Greg Diamos, Erich Elsen, Ryan Prenger, Sanjeev Satheesh, Shubho

Sengupta, Adam Coates, Andrew Y. Ng, 2014

- Speech Recognition with Deep Recurrent Neural Networks, Alex Graves, Abdel-Rahman Mohamed, Geoffrey Hinton, 2013
- Deep Speech 2: End-to-End Speech Recognition in English and Mandarin, Dario Amodei, Rishita Anubhai, Eric Battenberg, Carl Case, Jared Casper, Bryan Catanzaro, Jingdong Chen, Mike Chrzanowski, Adam Coates, Greg Diamos, Erich Elsen, Jesse Engel, Linxi Fan, Christopher Fougner, Tony Han, Awni Hannun, Billy Jun, Patrick LeGresley, Libby Lin, Sharan Narang, Andrew Ng, Sherjil Ozair, Ryan Prenger, Jonathan Raiman, Sanjeev Satheesh,David Seetapun, Shubho Sengupta, Yi Wang, Zhiqian Wang, Chong Wang, Bo Xiao, Dani Yogatama, Jun Zhan, Zhenyao Zhu, 2015

## 5.9 小结

本章相当于对前面介绍的基本概念进行回顾，同时介绍了一个新的应用——情感分析，和一个通过 Theano 引擎简化模型开发的高级库——Keras。

这些基本概念包括递归网络、单词嵌套、批顺序填充、类的 one-hot 编码等。在此还提出了双向递归概念来改善输出结果。

在第 6 章中，将讨论如何利用另一个库——Lasagne 在图像中应用递归网络，Lasagne 库比 Keras 库更加轻便，并可以更平滑地将 Theano 的代码与库模块相结合。

# 第 6 章 基于空间变换网络的定位

本章将从自然语言处理领域返回到图像领域，并给出 RNN 在图像中的一个应用示例。第 2 章　基于前馈神经网络的手写体数字分类中讨论了图像分类情况，主要是预测一幅图像的类。在此，将讨论对象定位问题，这是计算机视觉中的一个常见任务，主要是预测图像中一个对象的边界框。

尽管在第 2 章　基于前馈神经网络的手写体数字分类中利用线性层、卷积层和非线性层构建的神经网络解决了分类任务，但空间变换模块是一个构建专用于定位任务的具体方程的新模块。

为定位图像中的多个对象，空间变换模块是由递归网络构成。本章主要展示如何在 Lasagne 中使用预构建的递归网络，这是一个引入外部模块的 Theano 底层库，有助于利用预先建立的组件来快速开发神经网络，而不改变利用 Theano 构建和处理网络的方式。

综上，本章主要包括以下内容：

- Lasagne 库介绍；
- 空间变换网络；
- 基于空间变换的分类网络；
- Lasagne 递归模块；
- 数字的递归读取；
- 基于链接损失函数的非监督式训练；
- 基于区域的目标定位神经网络。

## 6.1　基于 Lasagne 的 MNIST CNN 模型

Lasagne 库封装了便于处理神经网络的层和工具。首先安装最新版本的 Lasagne：

```
pip install --upgrade https://github.com/Lasagne/Lasagne/archive/master.
Zip
```

现在，利用 Lasagne 对第 2 章　基于前馈神经网络的手写体数字分类中的 MINIST 模型进行重新编程：

```
def model(l_input, input_dim=28, num_units=256, num_classes=10, p=.5):

    network = lasagne.layers.Conv2DLayer(
            l_input,
            num_filters=32, filter_size=(5, 5),
            nonlinearity=lasagne.nonlinearities.rectify,
            W=lasagne.init.GlorotUniform())

    network = lasagne.layers.MaxPool2DLayer(network, pool_size=(2, 2))

    network = lasagne.layers.Conv2DLayer(
            network,
            num_filters=32,
            filter_size=(5, 5),
            nonlinearity=lasagne.nonlinearities.rectify)

    network = lasagne.layers.MaxPool2DLayer(network, pool_size=(2, 2))

    if num_units > 0:
        network = lasagne.layers.DenseLayer(
                lasagne.layers.dropout(network, p=p),
                num_units=num_units,
                nonlinearity=lasagne.nonlinearities.rectify)

    if (num_units > 0) and (num_classes > 0):
        network = lasagne.layers.DenseLayer(
                lasagne.layers.dropout(network, p=p),
                num_units=num_classes,
                nonlinearity=lasagne.nonlinearities.softmax)

    return network
```

这些层包括 layer0_input、conv1_out、pooled_out、conv2_out、pooled2_out、hidden_output。且都是利用如 InputLayer、Conv2DLayer、MaxPool2DLayer、DenseLayer 等预制模块，校正或 softmax 非线性 dropout 和 GlorotUniform 初始化进行构建的。

通过下列代码，可将输入符号变量 var 输入由上述模块构成的网络图，并得到输出变量 var：

```
input_var = T.tensor4('inputs')
l_input = lasagne.layers.InputLayer(shape=(None, 1, 28, 28),
            input_var=input_var)
network = mnist_cnn.model(l_input)
prediction = lasagne.layers.get_output(network)
```

或采用下列代码：

```
l_input = lasagne.layers.InputLayer(shape=(None, 1, 28, 28))
network = mnist_cnn.model(l_input)

input_var = T.tensor4('inputs')
prediction = lasagne.layers.get_output(network, input_var)
```

一个非常方便的特点是可以打印任意模块的输出：

```
print(l_input.output_shape)
```

Lasagne 中的 get_all_param 方法可以列出模型的所有参数：

```
params = lasagne.layers.get_all_params(network, trainable=True)
for p in params:
print p.name
```

最后，Lasagne 还可以采用不同的学习规则，如 RMSprop、Nesterov Momentum、Adam 和 Adagrad：

```
target_var = T.ivector('targets')
loss = lasagne.objectives.categorical_crossentropy(prediction, target_var)
loss = loss.mean()

updates = lasagne.updates.nesterov_momentum(
        loss, params, learning_rate=0.01, momentum=0.9)

train_fn = theano.function([input_var, target_var], loss, updates=updates)
```

其余均不变。

为测试 MNIST 模型，需下载 MNIST 数据集：

```
wget http://www.iro.umontreal.ca/~lisa/deep/data/mnist/mnist.pkl.gz -P /
sharedfiles
```

训练用于数字分类的 MNIST 分类器：

```
python 1-train-mnist.py
```

模型参数保存在 model.npz 中。模型精度可达到 99% 以上。

## 6.2 定位网络

在空间变换网络（STN）中，无需将网络直接应用于输入图像信号，其思想是添加一个模块来预处理图像，进行分割、旋转、缩放以使之适应对象大小，从而辅助分类：

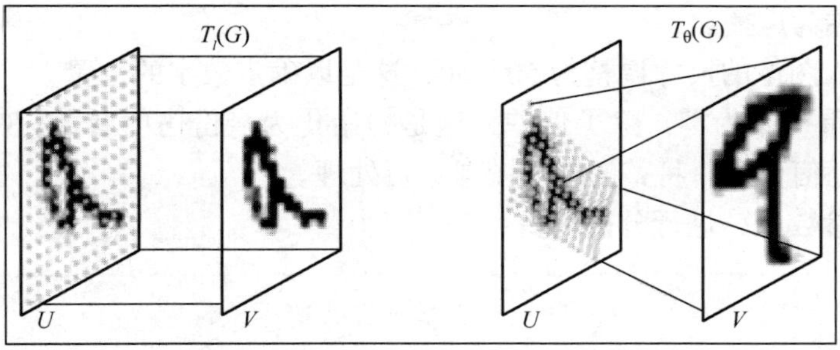


STN

为此，STN 采用一个定位网络来预测仿射变换参数，并对输入进行处理：

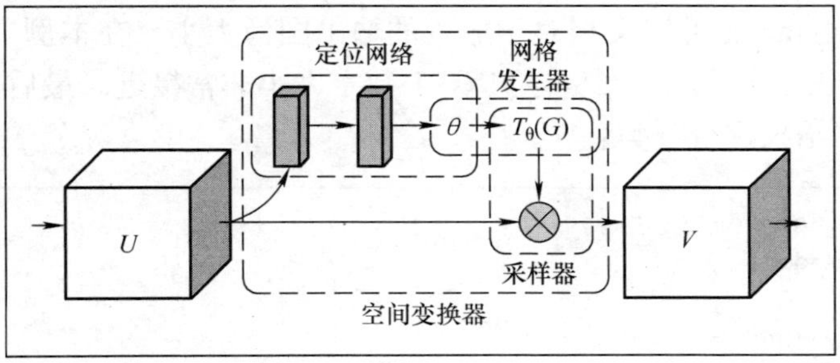


STN

在 Theano 中，是通过仿射变换自动求导，只需将定位网络通过仿射变换与分类网络的输入相连。

首先，创建一个与 MNIST CNN 模型相近的定位网络，来预测仿射变换的 6 个参数：

```
l_in = lasagne.layers.InputLayer((None, dim, dim))
l_dim = lasagne.layers.DimshuffleLayer(l_in, (0, 'x', 1, 2))
l_pool0_loc = lasagne.layers.MaxPool2DLayer(l_dim, pool_size=(2, 2))
l_dense_loc = mnist_cnn.model(l_pool0_loc,
        input_dim=dim,
        num_classes=0)

b = np.zeros((2, 3), dtype=theano.config.floatX)
b[0, 0] = 1.0
b[1, 1] = 1.0

l_A_net = lasagne.layers.DenseLayer(
    l_dense_loc,
    num_units=6,
    name='A_net',
    b=b.flatten(),
    W=lasagne.init.Constant(0.0),
    nonlinearity=lasagne.nonlinearities.identity)
```

在此，只需通过 DimshuffleLayer 来添加输入数组，这是一个值为 1 的通道维度。这种维度增加的方式称为广播。

池化层将输入图像的尺寸调整为 50 × 50，这足以确定数字的位置。

定位层的权重初始为零，除了偏差，这是初始化为身份仿射参数；STN 模块在网络运行开始时不产生任何作用，将整幅输入图像进行处理。

在给定仿射参数下，进行分割裁剪：

```
l_transform = lasagne.layers.TransformerLayer(
    incoming=l_dim,
    localization_network=l_A_net,
    downsample_factor=args.downsample)
```

down_sampling_factor 可定义相对于输入的输出图像大小。在本例中，该值为 3，意味着图像大小为 33 × 33，这与 28 × 28 的 MNIST 数字大小非常接近。最后，只需增加 MNIST CNN 模型来对输出结果进行分类：

```
l_out = mnist_cnn.model(l_transform,
      input_dim=dim,
      p=sh_drp,
      num_units=400)
```

为测试该分类器，在此创建一个 100 × 100 像素的图像，其中包含一些干扰和一个数字：

```
python create_mnist_sequence.py --nb_digits=1
```

绘制前 3 幅图像（分别对应 1、0、5）：

```
python plot_data.py mnist_sequence1_sample_8distortions_9x9.npz
```

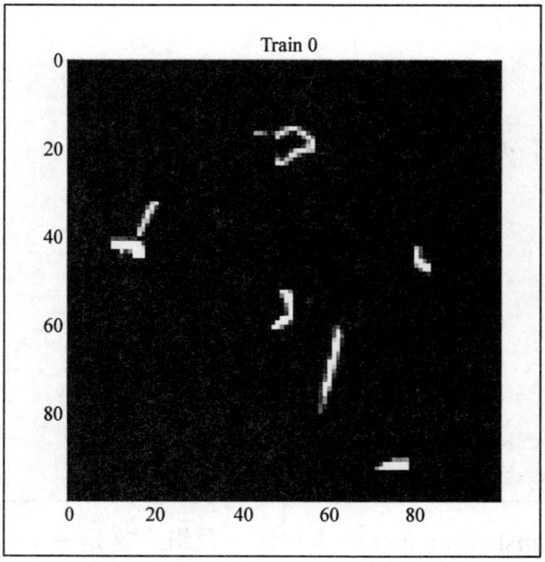

执行下列命令来训练模型：

```
python 2-stn-cnn-mnist.py
```

结果表明，在没有干扰只有数字时精度又可达到 99% 以上，这对于简单 MNIST CNN 模型通常是不可能达到的，另外，有干扰时，精度为 96.9% 以上。

绘制裁剪图像的命令为

```
python plot_crops.py res_test_2.npz
```

由此可得如下结果：

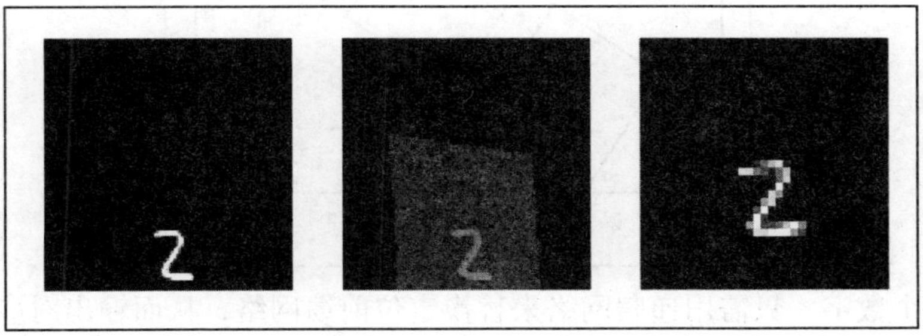

包含干扰时，结果为

STN 认为是可包含在任何网络中的一个模块，并可位于两层之间的任何地方。为进一步提高分类效果，在分类网络的各层之间添加多个 STN 可得到更好的结果。

下面是一个包含两个分支的网络示例，其中每个分支都有相应的 SPN，在非监督情况下，可获取图像的不同部分，并进行分类：

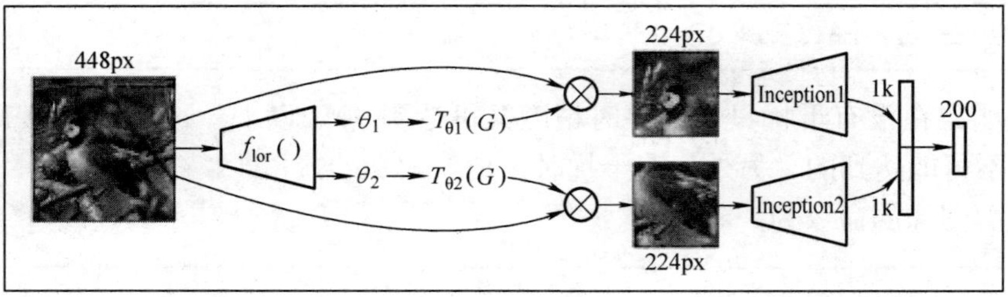


（STN 论文，Jaderberg 等人，2015）

### 6.2.1 RNN 在图像中的应用

目的是通过递归来读取多个数字，而不仅仅是一个数字：

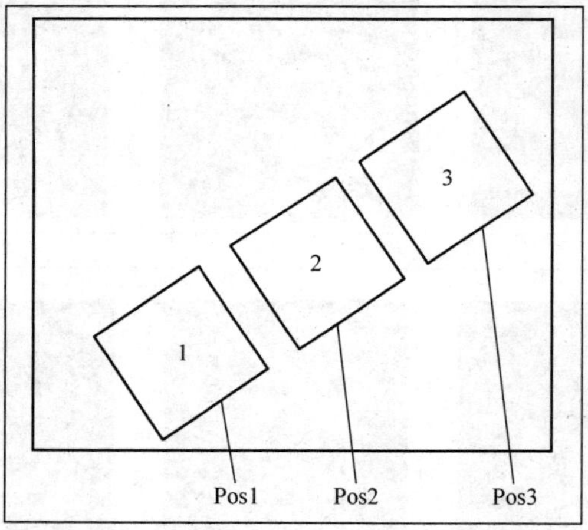


为读取多个数字，只需用递归网络来替换定位前馈网络，从而输出对应于每个数字的多个仿射变换：

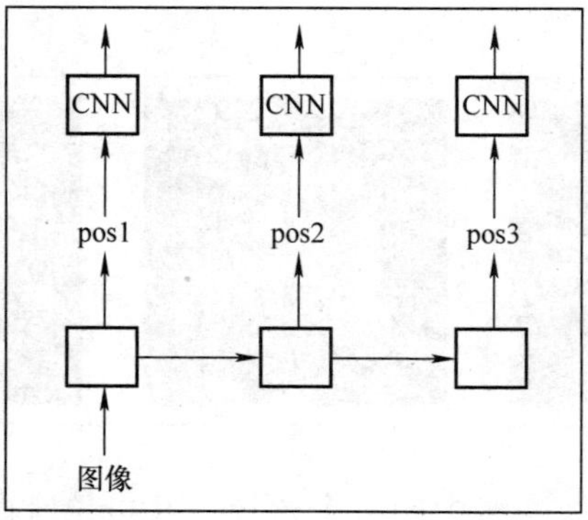


在上例中，用 GRU 层替换完全连接层：

```
l_conv2_loc = mnist_cnn.model(l_pool0_loc,
      input_dim=dim,
```

```
        p=sh_drp,
        num_units=0)

class Repeat(lasagne.layers.Layer):
    def __init__(self, incoming, n, **kwargs):
        super(Repeat, self).__init__(incoming, **kwargs)
        self.n = n

    def get_output_shape_for(self, input_shape):
        return tuple([input_shape[0], self.n] + list(input_shape[1:]))

    def get_output_for(self, input, **kwargs):
        tensors = [input]*self.n
        stacked = theano.tensor.stack(*tensors)
        dim = [1, 0] + range(2, input.ndim+1)
        return stacked.dimshuffle(dim)

l_repeat_loc = Repeat(l_conv2_loc, n=num_steps)
l_gru = lasagne.layers.GRULayer(l_repeat_loc, num_units=num_rnn_units,
unroll_scan=True)

l_shp = lasagne.layers.ReshapeLayer(l_gru, (-1, num_rnn_units))
```

输出结果是一个尺度张量（None，3，256），其中第一个参数是批大小，3 是指 GRU 中的步长个数，而 256 是隐层大小。在该层之上，只需添加一个与之前相同的完全连接层，以在开始时输出 3 个标识图像：

```
b = np.zeros((2, 3), dtype=theano.config.floatX)
b[0, 0] = 1.0
b[1, 1] = 1.0

l_A_net = lasagne.layers.DenseLayer(
    l_shp,
    num_units=6,
    name='A_net',
    b=b.flatten(),
    W=lasagne.init.Constant(0.0),
    nonlinearity=lasagne.nonlinearities.identity)

l_conv_to_transform = lasagne.layers.ReshapeLayer(
    Repeat(l_dim, n=num_steps), [-1] + list(l_dim.output_shape[-3:]))

l_transform = lasagne.layers.TransformerLayer(
    incoming=l_conv_to_transform,
    localization_network=l_A_net,
    downsample_factor=args.downsample)

l_out = mnist_cnn.model(l_transform, input_dim=dim, p=sh_drp, num_units=400)
```

为测试该分类器，同样创建 100 × 100 像素的图像，且包含某些干扰，只是这次有 3 个数字：

```
python create_mnist_sequence.py --nb_digits=3 --output_dim=100
```

绘制前 3 幅图像（分别对应 296、490 和 125）：

```
python plot_data.py mnist_sequence3_sample_8distortions_9x9.npz
```

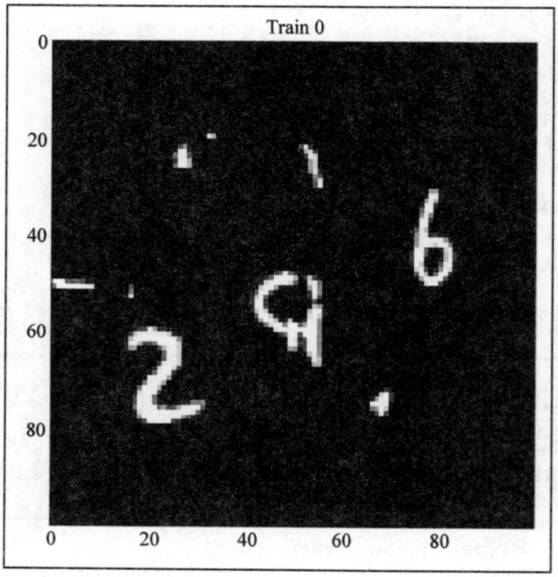


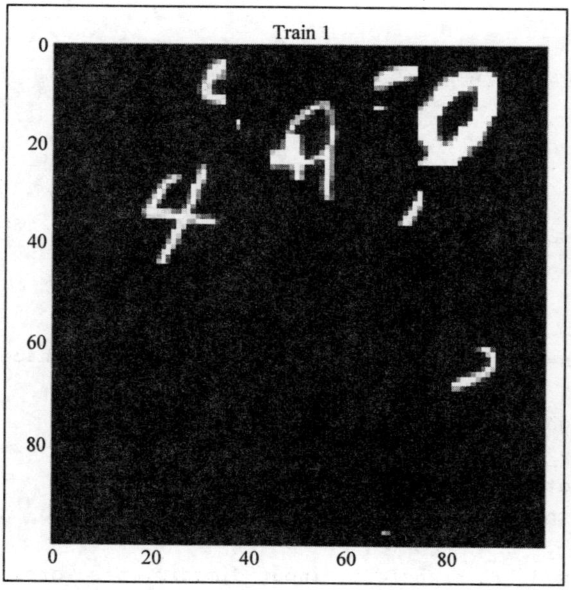

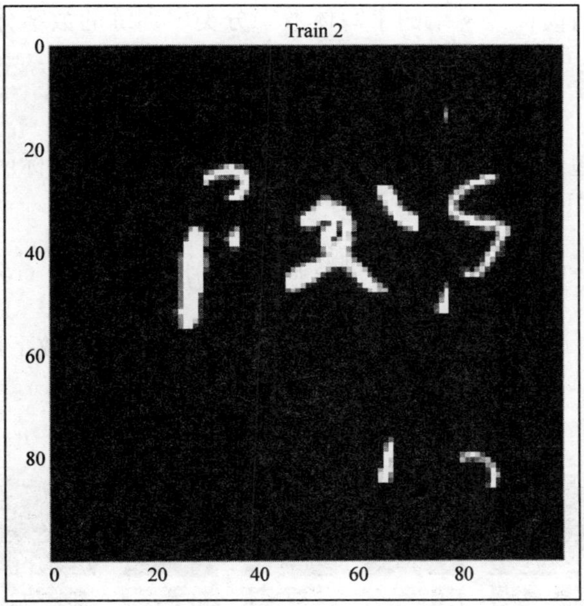


执行下列命令来训练递归模型：

```
python 3-recurrent-stn-mnist.py
Epoch 0 Acc Valid 0.268833333333, Acc Train = 0.268777777778, Acc Test = 0.272466666667
Epoch 1 Acc Valid 0.621733333333, Acc Train = 0.611116666667, Acc Test = 0.6086
Epoch 2 Acc Valid 0.764066666667, Acc Train = 0.75775, Acc Test = 0.764866666667
Epoch 3 Acc Valid 0.860233333333, Acc Train = 0.852294444444, Acc Test = 0.859566666667
Epoch 4 Acc Valid 0.895333333333, Acc Train = 0.892066666667, Acc Test = 0.8977
Epoch 53 Acc Valid 0.980433333333, Acc Train = 0.984261111111, Acc Test = 0.97926666666
```

分类精度可达 99.3%。

绘制裁剪图像：

```
python plot_crops.py res_test_3.npz
```

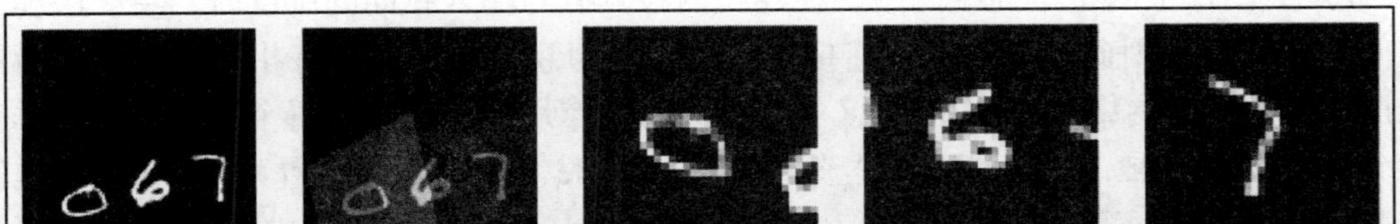

## 6.3 基于共定位的非监督式学习

在第 2 章 基于前馈神经网络的手写体数字分类中训练的数字分类器的第一层作为编码函数来表征嵌套空间中的图像，即对于单词：

$$I \to e(I)$$

通过最小化假设包含相同数字的两幅随机图像的链接损失目标函数，可非监督式训练空间变换网络中的定位网络：

$$\sum_{m,n} \max\left(0, \left\|e\left(\operatorname{stn}\left(I_n\right)\right) - e\left(\operatorname{stn}\left(I_m\right)\right)\right\|_2^2 - \left\|e\left(\operatorname{stn}\left(I_n\right)\right) - e\left(\operatorname{random\_crop}\left(I_m\right)\right)\right\|_2^2 + 1\right)$$

最小化上式之和可调整定位网络中的权重，以使得两个定位数字比随机裁剪更接近。

所得结果如下：

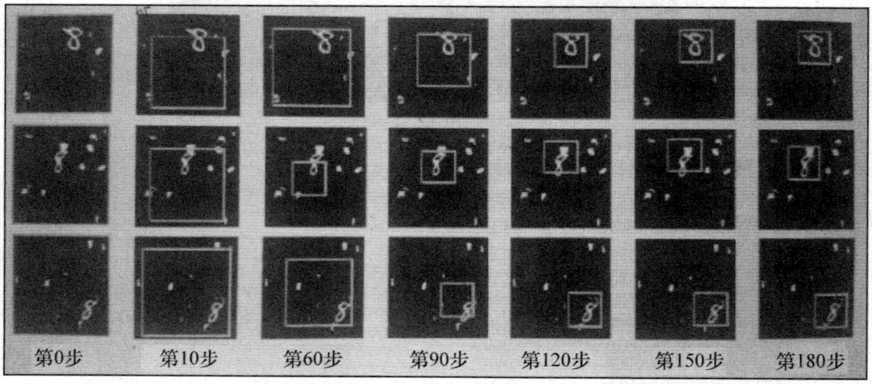


（STN 论文，Jaderberg 等人，2015）

## 6.4 基于区域的定位网络

根据历史经验，目标定位的基本方法是在滑动窗口中采用分类网络。主要是在每个方向上逐像素滑动窗口，并在图像中的每个位置和每种尺度上应用分类器。分类器学习判断目标是否存在并居中。由于模型必须在每个位置和尺度上进行评估，因此需要大量计算。

为加快处理进程，在 Ross Girshick 的 Fast-R-CNN 研究论文中提出了**区域建议网络（RPN）**，主要是将神经网络分类器（如 MNIST CNN）的完全连接层转换为卷积层；实际上，对于 $28 \times 28$ 图像上的密集连接网络，在卷积内核具有与输入相同的维度时，卷积层和线性层之间并无区别。因此，任何完全连接层都可表示为卷积层，且具有相同权重和适当的内核维度，从而使得网络可工作在比 $28 \times 28$ 更大的图像尺寸上，并在每个位置上输出具有分类得分的特征图。唯一的区别可能是整个网络的 stride 不同，可以设置为 1，也可以是较大值（几十个像素），而卷积内核设置为不为 1 的 stride，以减少评价位置的个数，从而减少计算量。这种转换非常有必要，因为卷积计算更有效：

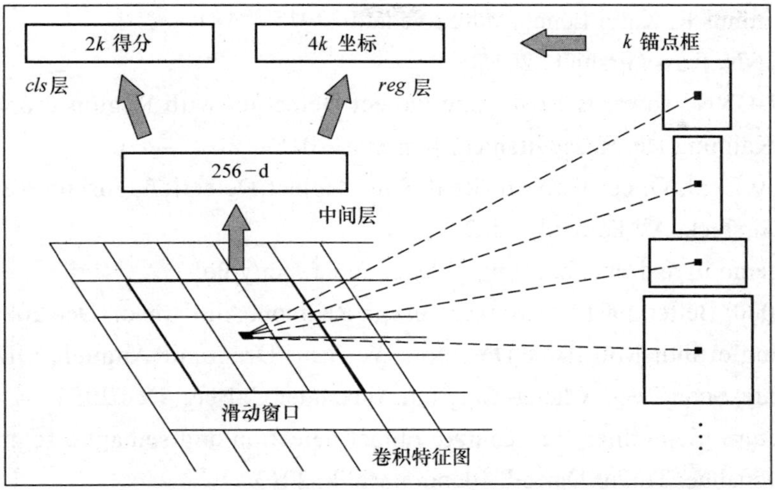


Faster-R-CNN：基于 RPN 的实时目标检测

在此设计了一个端到端网络，思想来源于反卷积原理，其中输出特征映射给出了所有边界框：你只看一次（You Only Look Once，YOLO）架构在特征映射的每个位置上预测 B 个可能边界框。每个边界框由与整幅图像成比例的坐标（$x$，$y$，$w$，$h$）（可看作一个回归问题），和一个对应于预测框和实际框之间交并比（IOU）的置信度（概率）来定义。对于 SSD 模型，提出了比较方法。

最后，在第 8 章　基于编码—解码网络的翻译与解释中介绍的分割网络也可作为实现目标定位的神经网络方法。

## 6.5　延伸阅读

有关本章的更多相关内容，可参阅下列文献：

- Spatial Transformer Networks, Max Jaderberg, Karen Simonyan, Andrew Zisserman, Koray Kavukcuoglu, Jun 2015
- Recurrent Spatial Transformer Networks, Søren Kaae Sønderby, Casper Kaae Sønderby, Lars Maaløe, Ole Winther, Sept 2015
- Original code: https://github.com/skaae/recurrent-spatial-transformer-code
- Google Street View Character Recognition, Jiyue Wang, Peng Hui How
- Reading Text in the Wild with Convolutional Neural Networks, Max Jaderberg, Karen Simonyan, Andrea Vedaldi, Andrew Zisserman, 2014
- Multi-digit Number Recognition from Street View Imagery using Deep Convolutional Neural Networks, Ian J. Goodfellow, Yaroslav Bulatov, Julian Ibarz, Sacha Arnoud, Vinay Shet, 2013
- Recognizing Characters From Google Street View Images, Guan Wang, Jingrui Zhang
- Synthetic Data and Artificial Neural Networks for Natural Scene Text Recognition, Max Jaderberg, Karen Simonyan, Andrea Vedaldi, Andrew Zisserman, 2014

- R-CNN minus R, Karel Lenc, Andrea Vedaldi, 2015
- Fast R-CNN, Ross Girshick, 2015
- Faster R-CNN: Towards Real-Time Object Detection with Region Proposal Networks, Shaoqing Ren, Kaiming He, Ross Girshick, Jian Sun, 2015
- You Only Look Once: Unified, Real-Time Object Detection, Joseph Redmon, Santosh Divvala, Ross Girshick, Ali Farhadi, Jun 2015
- YOLO demo in real time http://pjreddie.com/darknet/yolo/
- YOLO9000: Better, Faster, Stronger, Joseph Redmon, Ali Farhadi, Dec 2016
- SSD: Single Shot MultiBox Detector, Wei Liu, Dragomir Anguelov, Dumitru Erhan, Christian Szegedy, Scott Reed, Cheng-Yang Fu, Alexander C. Berg, Dec 2015
- Rich feature hierarchies for accurate object detection and semantic segmentation, Ross Girshick, Jeff Donahue, Trevor Darrell, Jitendra Malik, 2013
- Text Flow: A Unified Text Detection System in Natural Scene Images Shangxuan Tian, Yifeng Pan, Chang Huang, Shijian Lu, Kai Yu, Chew Lim Tan, 2016


## 6.6 小结

空间变换层是一种定位、裁剪和调节图像区域的初始模块，以有助于分类器关注于图像中的相关部分，从而提高分类精度。该层由可微仿射变换组成，其中参数可通过另一个模型（定位网络）计算，并通过反向传播进行学习。

通过递归神经单元可推出一个读取图像中多个数字的应用示例。为简化工作，在此引入了 Lasagne 库。

空间变换网络是众多解决定位问题的方法中的一种解决方案；基于区域的定位方法，如 YOLO、SSD 或 Faster R-CNN，可提供边界框预测的最佳结果。

在第 7 章中，将继续讨论图像识别问题，以解决如何在包含比数字更多信息的全尺寸图像中进行分类，如室内场景和室外风景的自然图像。同时，还将继续采用 Lasagne 的预制层和优化模块。

# 第 7 章 基于残差网络的图像分类

本章主要介绍用于图像分类的最先进的深度网络。

残差网络现已成为最新的架构，在精度和简单性方面具有很大的提高。

在残差网络之前，网络架构已有很长的研究历史，如 AlexNet，VGG，Inception（GoogLeNet），Inception v2、v3 和 v4。研究人员正在不断寻找不同概念，并发现了一些用于设计更好架构的基本规则。

本章着重介绍以下内容：

- 用于图像分类评价的主要数据集；
- 用于图像分类的网络架构；
- 批处理标准化；
- 全局平均池化；
- 残差连接；
- 随机深度；
- 密集连接；
- 多 GPU；
- 数据扩张技术。

## 7.1 自然图像数据集

图像分类通常包括比 MNIST 手写体数字范围更大的对象和场景。这些对象大多是自然图像，即人类在现实世界中所观察到的图像，如风景、室内场景、道路、山脉、海滩、人物、动物和汽车等，而不是由计算机生成的合成图像。

为评估用于自然图像的图像分类网络的性能，研究人员通常采用 3 种主要数据集来进行性能比较：

- Cifar-10，这是一个包括 60000 幅小图像（32 × 32）并分为 10 类的数据集，可按照下列地址下载：

```
wget https://www.cs.toronto.edu/~kriz/cifar-10-python.tar.gz -P /
sharedfiles
tar xvzf /sharedfiles/cifar-10-python.tar.gz -C /sharedfiles/
```

下图给出每一类的一些示例图像：

Cifar-10 数据集样本 http://www.cs.toronto.edu/~kriz/cifar.html

- Cifar-100，一个包括 60000 幅图像且分为 100 类和 20 个超级类的数据集。
- ImageNet，一个包括 120 万幅图像且分类标签很广（1000）的数据集。由于 ImageNet 仅用于非商业用途，可下载 Food 101，这是一个包括 101 类食物且每类 1000 幅图像的数据集：

```
wget http://data.vision.ee.ethz.ch/cvl/food-101.tar.gz -P / sharedfiles
tar xvzf food-101.tar.gz -C /sharedfiles/
```

在介绍残差网络架构之前，首先讨论两种改进分类网络精度的方法：批处理标准化法和全局平均池化法。

### 7.1.1 批处理标准化

更深度的网络具有 100 多个层，可用于进行数百个类的图像分类。深度网络的主要问题是确保输入流和梯度能够从网络的一端传播到另一端。

然而，网络中的非线性会逐渐饱和且梯度变为零，这是很常见的。此外，网络中的每一层都必须适应输入分布的恒定变化，这种现象称为内部协变量偏移。

已知网络的输入数据经线性处理使得均值为零、方差为 1（称为网络输入标准化）且每个输入特征独立标准化而非联合标准化之后，其训练速度更快。

要标准化网络中每一层的输入，这非常复杂：输入均值为零会忽略上一层的学习偏差，而对于单位方差，会使得问题更加糟糕。在每层的输入标准化之后，上一层的参数可能无限增大，而减少量保持不变。

因此，对于每层输入的标准化，一个批处理标准化层需要在标准化之后重新学习尺度和偏差：

$$y^k = \gamma^k \text{Normalized}\left(x^k\right) + \beta^k$$

无需使用整个数据集，而只是采用批处理来计算标准化的统计数据，且在训练过程中，移动平均会逐渐接近整个数据集的统计值。

批处理标准化层具有如下优点：

- 减少初始化不良或学习速率过高的影响；
- 通过一个裕量可提高网络精度；
- 加速训练过程；
- 降低过度拟合，规范化模型。

在引入批处理标准化（BN）层时，可去除 dropout，提高学习速率，并降低 L2 的权重标准化。

在 BN 层之后加入非线性，并去除上一层的偏差：

```
l = NonlinearityLayer(
      BatchNormLayer(
        ConvLayer(l_in,
          num_filters=n_filters[0],
          filter_size=(3,3),
          stride=(1,1),
          nonlinearity=None,
          pad='same',
          W=he_norm)
      ),
      nonlinearity=rectify
  )
```

### 7.1.2 全局平均池化

一般而言，分类网络的最后两个层是完全连接层和 softmax 层。完全连接层输出与分类个数相同的特征，而 softmax 层将这些值标准化，以使得概率之和为 1。

首先，需要用一个 stride 为 2 的新卷积层来替换 stride 为 2 的最大池化层：全部卷积层的网络性能更好。

其次，还可能需要去除完全连接层。如果最后一个卷积层输出的特征映射个数与分类个数相同，则全局空间平均可将每个特征映射降低到某一标量值，该值表示在不同宏观空间位置上类平均的得分：

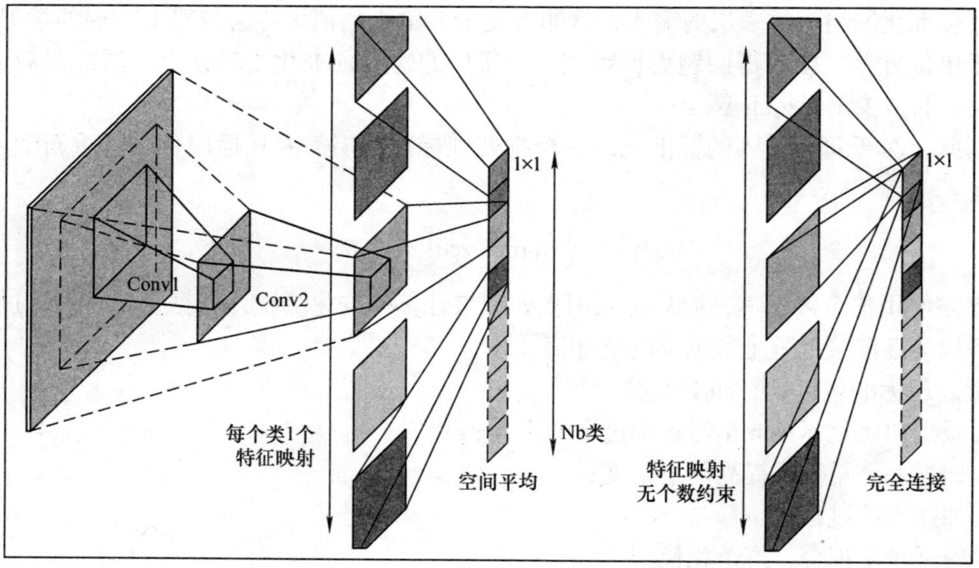


## 7.2 残差连接

虽然架构越深（层越多），性能越好，但训练难度也越大，这是因为输入信号在通过层时不断衰减。某些研究人员尝试通过多阶段来训练深度网络。

另一种分层训练方法是增加一个称为身份连接的辅助连接层来缩短层区域，这样就可以使得信号不经任何变化地通过，除了经典的卷积层，形成一个称为残差的层区域，如下图所示：

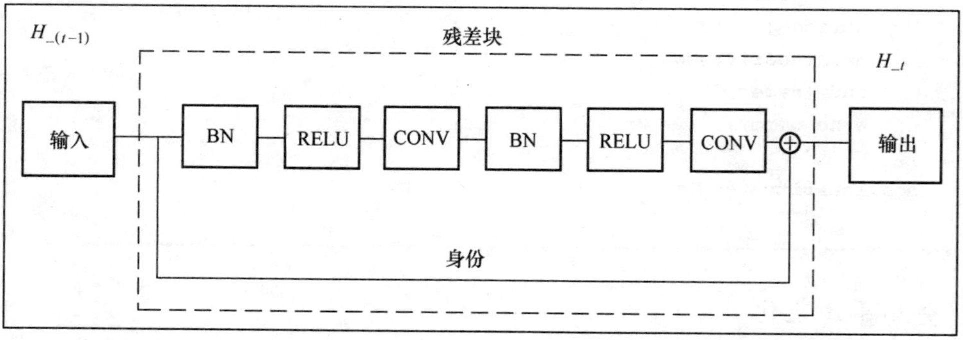


该残差块包括 6 个层。

残差网络是由多个残差块组成的网络。输入经第一次卷积处理之后，然后再进行批处理标准化和非线性处理：

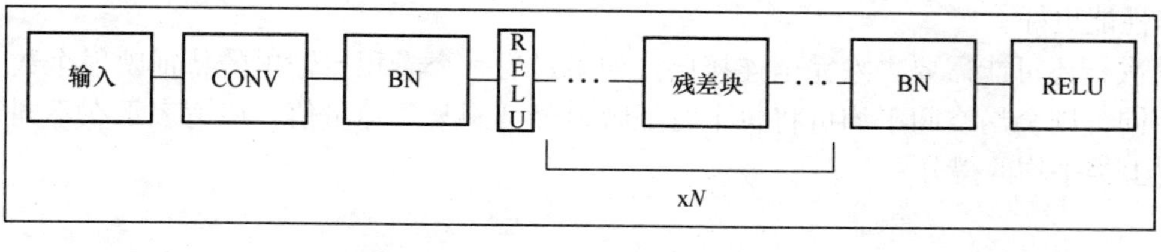

例如，对于一个由两个残差块组成的残差网络，以及 28×28 的输入图像在第一卷积层的 8 个特征图，层的输出结果如下：

```
InputLayer                      (None, 1, 28, 28)
Conv2DDNNLayer                  (None, 8, 28, 28)
BatchNormLayer                  (None, 8, 28, 28)
NonlinearityLayer               (None, 8, 28, 28)
Conv2DDNNLayer                  (None, 8, 28, 28)
BatchNormLayer                  (None, 8, 28, 28)
NonlinearityLayer               (None, 8, 28, 28)
Conv2DDNNLayer                  (None, 8, 28, 28)
ElemwiseSumLayer                (None, 8, 28, 28)
BatchNormLayer                  (None, 8, 28, 28)
NonlinearityLayer               (None, 8, 28, 28)
Conv2DDNNLayer                  (None, 8, 28, 28)
BatchNormLayer                  (None, 8, 28, 28)
NonlinearityLayer               (None, 8, 28, 28)
Conv2DDNNLayer                  (None, 8, 28, 28)
ElemwiseSumLayer                (None, 8, 28, 28)
BatchNormLayer                  (None, 8, 28, 28)
NonlinearityLayer               (None, 8, 28, 28)
Conv2DDNNLayer                  (None, 16, 14, 14)
BatchNormLayer                  (None, 16, 14, 14)
NonlinearityLayer               (None, 16, 14, 14)
Conv2DDNNLayer                  (None, 16, 14, 14)
Conv2DDNNLayer                  (None, 16, 14, 14)
ElemwiseSumLayer                (None, 16, 14, 14)
BatchNormLayer                  (None, 16, 14, 14)
NonlinearityLayer               (None, 16, 14, 14)
Conv2DDNNLayer                  (None, 16, 14, 14)
BatchNormLayer                  (None, 16, 14, 14)
NonlinearityLayer               (None, 16, 14, 14)
Conv2DDNNLayer                  (None, 16, 14, 14)
ElemwiseSumLayer                (None, 16, 14, 14)
BatchNormLayer                  (None, 16, 14, 14)
NonlinearityLayer               (None, 16, 14, 14)
Conv2DDNNLayer                  (None, 32, 7, 7)
BatchNormLayer                  (None, 32, 7, 7)
NonlinearityLayer               (None, 32, 7, 7)
Conv2DDNNLayer                  (None, 32, 7, 7)
Conv2DDNNLayer                  (None, 32, 7, 7)
ElemwiseSumLayer                (None, 32, 7, 7)
BatchNormLayer                  (None, 32, 7, 7)
NonlinearityLayer               (None, 32, 7, 7)
Conv2DDNNLayer                  (None, 32, 7, 7)
BatchNormLayer                  (None, 32, 7, 7)
NonlinearityLayer               (None, 32, 7, 7)
```

```
Conv2DDNNLayer                   (None, 32, 7, 7)
ElemwiseSumLayer                 (None, 32, 7, 7)
BatchNormLayer                   (None, 32, 7, 7)
NonlinearityLayer                (None, 32, 7, 7)
GlobalPoolLayer                  (None, 32)
DenseLayer                       (None, 10)
```

随着每个输出特征图的尺寸减小，输出特征图的个数增多：这种减小特征图尺寸 / 增加维度个数的技术可保持每层的参数个数固定，这是网络构建中最常用的常见的最佳实现方式。

增加维度个数的转换有 3 次：一次是在第一个残差块之前；另一次是在第 *n* 个残差块之后；最后一次是在第 2*n* 个残差块之后。在每次转换之间，滤波器的个数定义为一个数组：

```
# 8 -> 8 -> 16 -> 32
n_filters = {0:8, 1:8, 2:16, 3:32}
```

维度增加是由相应残差块的第一层实现的。由于输入与输出的形状不同，所以简单的身份连接不能与残差块中层的输出相连，取而代之的是维度投影，以将输出大小缩小到残差块的输出维度，这种投影可由内核卷积 1 × 1 且 stride 为 2 来实现：

```
def residual_block(l, transition=False, first=False, filters=16):
    if transition:
        first_stride = (2,2)
    else:
        first_stride = (1,1)

    if first:
        bn_pre_relu = l
    else:
        bn_pre_conv = BatchNormLayer(l)
        bn_pre_relu = NonlinearityLayer(bn_pre_conv, rectify)

    conv_1 = NonlinearityLayer(
      BatchNormLayer(
        ConvLayer(bn_pre_relu,
          num_filters=filters,
          filter_size=(3,3),
          stride=first_stride,
          nonlinearity=None,
          pad='same',
          W=he_norm)),
        nonlinearity=rectify)

     conv_2 = ConvLayer(conv_1, num_filters=filters, filter_size=(3,3), stride=(1,1),
nonlinearity=None, pad='same', W=he_norm)
```

```
    # add shortcut connections
      if transition:
          # projection shortcut, as option B in paper
            projection = ConvLayer(bn_pre_relu, num_filters=filters, filter_size=(1,1),
stride=(2,2), nonlinearity=None, pad='same', b=None)
      elif conv_2.output_shape == l.output_shape:
          projection=l
      else:
            projection = ConvLayer(bn_pre_relu, num_filters=filters, filter_size=(1,1),
stride=(1,1), nonlinearity=None, pad='same', b=None)

      return ElemwiseSumLayer([conv_2, projection])
```

另外，还提出了一些改进的残差块。

之前残差块的一种更广泛形式（Wide-ResNet）是直接在最后以某一因数增加每个残差块的输出个数：

```
n_filters = {0:num_filters, 1:num_filters*width, 2:num_
filters*2*width, 3:num_filters*4*width}
```

一种瓶颈版本是减少每层的参数个数来创建一个具有降维效果的瓶颈，从而实现神经元捆绑在一起的 Hebbian 理论，并帮助残差块获取信号的特定类型模式：

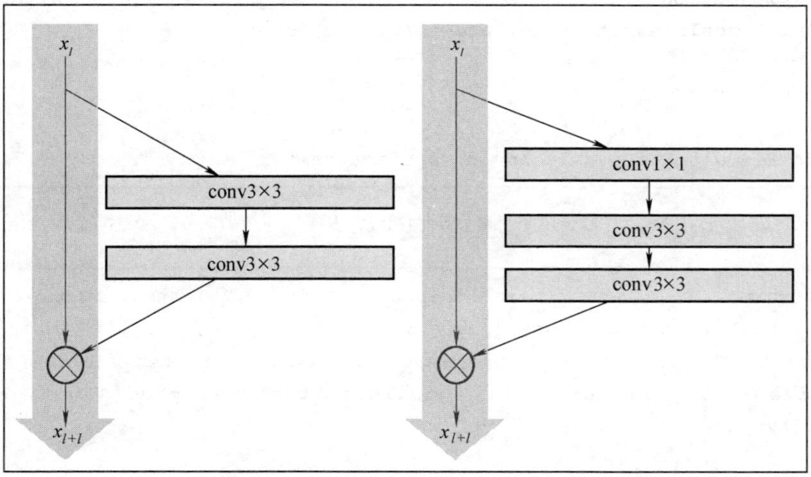


瓶颈效果是同时体现在特征图尺寸和输出个数上，这样就不能像之前的方法那样保持每层的参数个数不变：

```
def residual_bottleneck_block(l, transition=False, first=False, filters=16):
    if transition:
        first_stride = (2,2)
    else:
        first_stride = (1,1)
```

```
    if first:
        bn_pre_relu = l
    else:
        bn_pre_conv = BatchNormLayer(l)
        bn_pre_relu = NonlinearityLayer(bn_pre_conv, rectify)

    bottleneck_filters = filters / 4

    conv_1 = NonlinearityLayer(BatchNormLayer(ConvLayer(bn_pre_relu, num_filters=bottleneck_filters, filter_size=(1,1), stride=(1,1), nonlinearity=None, pad='same', W=he_norm)),nonlinearity=rectify)

    conv_2 = NonlinearityLayer(BatchNormLayer(ConvLayer(conv_1, num_filters=bottleneck_filters, filter_size=(3,3), stride=first_stride, nonlinearity=None, pad='same', W=he_norm)),nonlinearity=rectify)

    conv_3 = ConvLayer(conv_2, num_filters=filters, filter_size=(1,1), stride=(1,1), nonlinearity=None, pad='same', W=he_norm)

    if transition:
        projection = ConvLayer(bn_pre_relu, num_filters=filters, filter_size=(1,1), stride=(2,2), nonlinearity=None, pad='same', b=None)
    elif first:
        projection = ConvLayer(bn_pre_relu, num_filters=filters, filter_size=(1,1), stride=(1,1), nonlinearity=None, pad='same', b=None)
    else:
        projection = l

    return ElemwiseSumLayer([conv_3, projection])
```

由此，3 个残差块层叠的整个神经网络构建如下：

```
def model(shape, n=18, num_filters=16, num_classes=10, width=1, block='normal'):
  l_in = InputLayer(shape=(None, shape[1], shape[2], shape[3]))
  l = NonlinearityLayer(BatchNormLayer(ConvLayer(l_in, num_filters=n_filters[0], filter_size=(3,3), stride=(1,1), nonlinearity=None, pad='same', W=he_norm)), nonlinearity=rectify)

  l = residual_block(l, first=True, filters=n_filters[1])
  for _ in range(1,n):
      l = residual_block(l, filters=n_filters[1])
  l = residual_block(l, transition=True, filters=n_filters[2])
  for _ in range(1,n):
      l = residual_block(l, filters=n_filters[2])

  l = residual_block(l, transition=True, filters=n_filters[3])
  for _ in range(1,n):
```

```
        l = residual_block(l, filters=n_filters[3])

    bn_post_conv = BatchNormLayer(l)
    bn_post_relu = NonlinearityLayer(bn_post_conv, rectify)
    avg_pool = GlobalPoolLayer(bn_post_relu)
    return DenseLayer(avg_pool, num_units=num_classes, W=HeNormal(),
nonlinearity=softmax)
```

MNIST 训练命令为

```
python train.py --dataset=mnist --n=1 --num_filters=8 --batch_size=500
```

由此可得 98% 的精度。

对于 Cifar 10，包含 100 多个层的残差网络需要批大小减少到 64，以适应 GPU 的内存：

- 对于 ResNet-110（6 × 18+2）：

```
python train.py --dataset=cifar10 --n=18 --num_filters=16
--batch_size=64
```

- 对于 ResNet-164（6 × 27+2）：

```
python train.py --dataset=cifar10 --n=27 --num_filters=16
--batch_size=64
```

- 对于 Wide ResNet-110：

```
python train.py --dataset=cifar10 --n=18 --num_filters=16
--width=4 --batch_size=64
```

- 对于 ResNet-bottleneck-164：

```
python train.py --dataset=cifar10 --n=18 --num_filters=16
--block=bottleneck --batch_size=64
```

- 对于 Food-101，进一步减小 ResNet 110 的批大小：

```
python train.py --dataset=food101 --batch_size=10 --n=18 --num_
filters=16
```

## 7.3 随机深度

由于信号通过层的传播可能容易在任何一个残差块中出错，随机深度的思想是通过随机删除一些残差块而用身份连接进行替换以此来提高网络训练的鲁棒性。

首先，由于参数个数减少，训练过程会更快。其次，在实践中已表明具有较强的鲁棒性，可提供更好的分类结果：

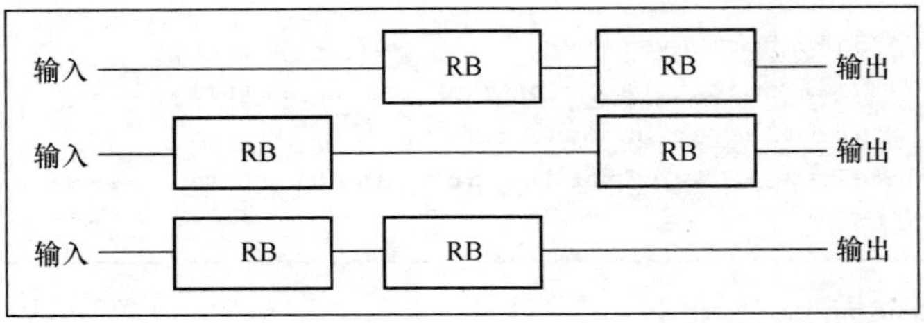


## 7.4 密集连接

随机深度是通过创建一个直接连接来跳过一些随机层。更进一步，另一种方法是无需删除随机层，而是在之前的层上增加一个身份连接：

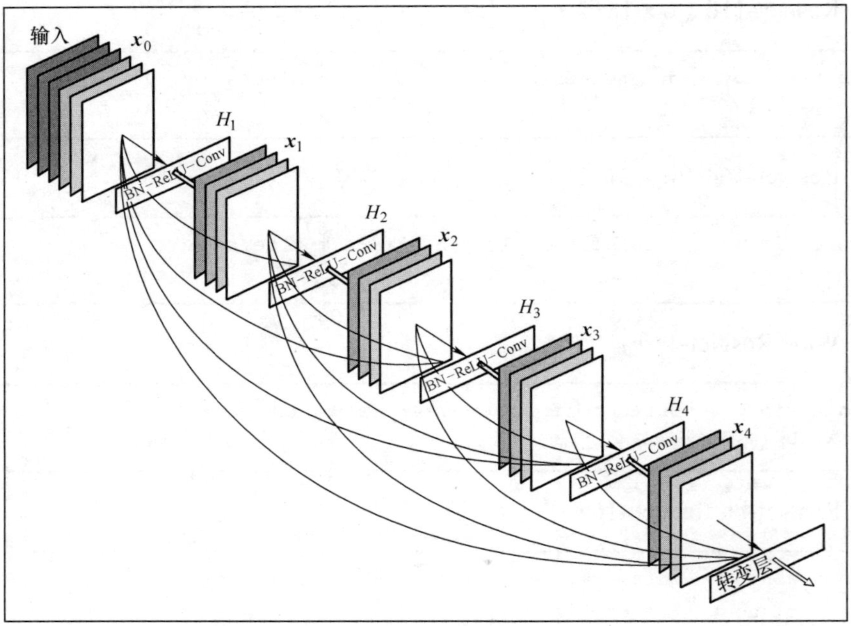


密集连接块（密集连接卷积网络）

对于残差块，密集连接卷积网络是由重复密集连接块组成来形成层叠块：

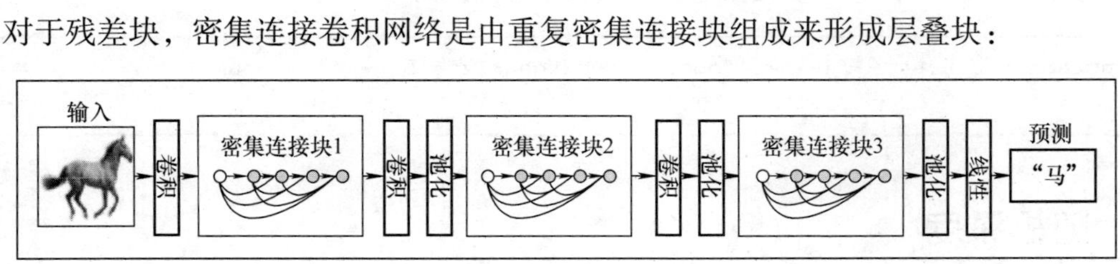


密集块网络（密集连接块神经网络）

根据第 10 章　基于先进递归神经网络的时间序列预测中所介绍的相同原则来选择这种架构，并采用高速网络：身份连接有助于信息正确地在网络中传播和反向传播，从而在层

数较多时减少爆炸 / 消失梯度的影响。

在 Python 实现中，用密集连接块替换残差块：

```
def dense_block(network, transition=False, first=False, filters=16):
    if transition:
        network = NonlinearityLayer(BatchNormLayer(network), nonlinearity=rectify)
        network = ConvLayer(network,network.output_shape[1], 1, pad='same', W=he_
norm, b=None, nonlinearity=None)
        netwcrk = Pool2DLayer(network, 2, mode='average_inc_pad')

    network = NonlinearityLayer(BatchNormLayer(network), nonlinearity=rectify)
    conv = ConvLayer(network,filters, 3, pad='same', W=he_norm, b=None,
nonlinearity=None)
    return ConcatLayer([network, conv], axis=1)
```

另外，还需注意批处理标准化是逐个特征完成的，并且由于每个块的输出已实现标准化，所以无需二次重标准化。通过一个简单仿射层来代替批处理标准化层，可足以学习连接标准化特征的尺度和偏差：

```
def dense_fast_block(network, transition=False, first=False, filters=16):
    if transition:
        network = NonlinearityLayer(BiasLayer(ScaleLayer(network)), nonlinearity=rectify)
        network = ConvLayer(network,network.output_shape[1], 1, pad='same', W=he_norm, b=None,
nonlinearity=None)
        network = BatchNormLayer(Pool2DLayer(network, 2,
mode='average_inc_pad'))
    network = NonlinearityLayer(BiasLayer(ScaleLayer(network)),
nonlinearity=rectify)
    conv = ConvLayer(network,filters, 3, pad='same', W=he_norm, b=None,
nonlinearity=None)
    return ConcatLayer([network, BatchNormLayer(conv)], axis=1)
```

训练 DenseNet-40 的命令如下：

```
python train.py --dataset=cifar10 --n=13 --num_filters=16 --block=dense_
fast --batch_size=64
```

## 7.5 多 GPU

Cifar 和 MNIST 图像都依然很小，小于 $35 \times 35$ 个像素。对自然图像的训练仍需保留图像中的细节。例如，一个好的输入大小为 $224 \times 224$，这是上述图像的 40 多倍。在这种输入大小下，图像分类网络至少有几百层，GPU 内存会限制批大小为十几幅图像，且训练一批需要很少时间。

工作在多 GPU 模式下：

1）模型参数在共享变量中，意味着在 CPU/GPU1/GPU2/GPU3/GPU4 之间共享，相当于单 GPU 模式。

2）批大小分为 4 个部分，每个部分传输给不同 GPU 进行计算。网络输出是在各个部分中计算的，并将梯度逆向传播到每个权重。GPU 返回每个权重的梯度值。

3）每个权重的梯度从多个 GPU 返回到 CPU，并以堆栈形式保存。层叠梯度表示整个初始批的梯度。

4）对批梯度应用更新规则，并更新共享模型的权重。

具体如下图所示：

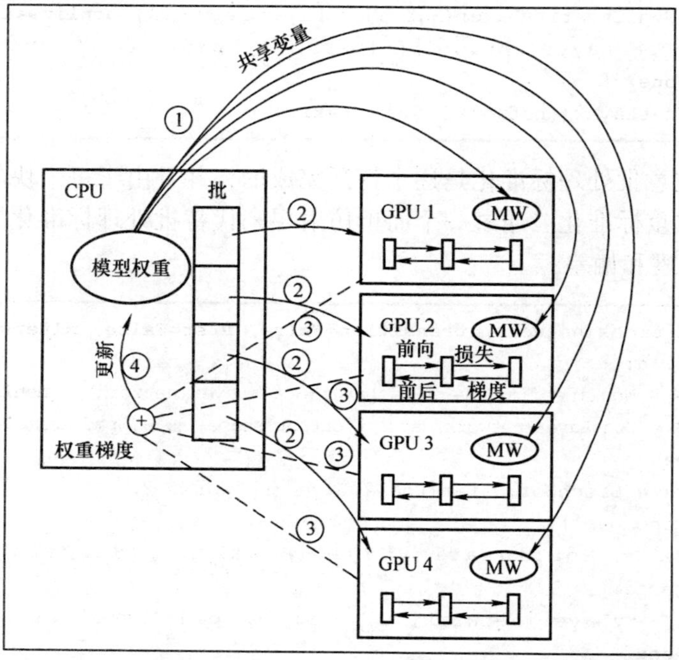


Theano 的稳定版本仅支持一个 GPU 上执行一个进程，因此主程序在第一个 GPU 上执行，并启动每个 GPU 的子进程来进行训练。注意，在前面介绍的图像处理周期中需要模型更新同步，以避免每个 GPU 的模型训练不同步。无需重新编程，Platoon 框架 (https://github.com/mila-udem/platoon) 专用于在一个节点中实现多 GPU 模型训练。

另外，值得注意的是，在多 GPU 上同步批处理标准化的均值和方差可得到更精确的结果。

## 7.6 数据增强

数据增强是一种提高分类精度的重要技术。数据增强是通过增加一些抖动从现有样本中创建新的样本，如：

- 随机尺度；
- 随机大小分割；
- 水平翻转；
- 随机旋转；

- 光线噪声；
- 亮度抖动；
- 饱和度抖动；
- 对比度抖动。

这将有助于模型在现实生活中非常常见的不同光线条件下更具有鲁棒性。

模型并不总是考虑相同的数据集，而是在每个周期会发现不同的样本。

注意，输入标准化对于获得更好的结果也至关重要。

## 7.7 延伸阅读

有关本章的更多相关内容，可参阅下列文献：

- Densely Connected Convolutional Networks, by Gao Huang, Zhuang Liu, Kilian Q. Weinberger, and Laurens van der Maaten, Dec 2016
- Code has been inspired by the Lasagne repository:
  - https://github.com/Lasagne/Recipes/blob/master/papers/ deep_residual_learning/Deep_Residual_Learning_CIFAR-10. py
  - https://github.com/Lasagne/Recipes/tree/master/papers/densenet
- Inception-v4, Inception-ResNet and the Impact of Residual Connections on Learning, Christian Szegedy, Sergey Ioffe, Vincent Vanhoucke, and Alex Alemi, 2016
- Deep Residual Learning for Image Recognition, Kaiming He, Xiangyu Zhang, and Shaoqing Ren, Jian Sun 2015
- Rethinking the Inception Architecture for Computer Vision, Christian Szegedy, Vincent Vanhoucke, Sergey Ioffe, Jonathon Shlens, and Zbigniew Wojna, 2015
- Wide Residual Networks, Sergey Zagoruyko, and Nikos Komodakis, 2016
- Identity Mappings in Deep Residual Networks, Kaiming He, Xiangyu Zhang, Shaoqing Ren, and Jian Sun, Jul 2016
- Network In Network, Min Lin, Qiang Chen, Shuicheng Yan, 2013

## 7.8 小结

目前已提出一些新的技术来实现最新的分类结果，如批处理标准化、全局平均池化、残差连接和密集连接块。

根据这些技术可构建残差网络和密集连接网络。

多GPU的应用有助于训练图像分类网络，该网络中具有众多卷积层和大量预处理部分，且图像的批输入会占用大量内存。

最后，分析了数据增强技术，该技术可增加数据集大小、减少可能的模型过度拟合以及学习更具鲁棒性网络的权重。

在第 8 章，将介绍如何使这些网络的前几层作为特征来构建编码网络，以及如何反卷积来重构输出图像，以实现像素级的预测。

# 第 8 章 基于编码—解码网络的翻译与解释

当输入和输出属于同一空间时，将产生编码—解码技术。例如，图像分割包括将输入图像转换成新的图像，即分割掩膜；翻译包括将字符序列转换成新的字符序列；回答问题包括用一个新的词序来响应原有单词序列。

为应对这些挑战，编码—解码网络是由两个对称部分组成的网络：一个编码网络和一个解码网络。编码网络是将输入数据编码为向量，而解码网络利用该向量产生输出，如对输入语言或输入图像的翻译、问题回答、解释或注释。

编码网络通常仅由前面所介绍的某种网络的第一层组成，而没有降维和分类的其他层。这种截断网络可产生一个称为特征的多维向量，用于为产生输出表示的解码器提供内部状态表征。

本章主要包括以下内容：

- 序列—序列网络；
- 在机器翻译中的应用；
- 在聊天机器人中的应用；
- 反卷积；
- 在图像分割中的应用；
- 在图像字幕中的应用；
- 解码技术的改进。

## 8.1 序列—序列网络在自然语言处理中的应用

由于在性能方面的极大提高，端到端的神经网络正逐步替代基于规则的系统。一个端到端的神经网络意味着可通过示例直接推断出所有可能的规则，而无需已知潜在规则，如语法和结合，单词（或字符）作为输入直接馈入到网络。输出格式也是如此，可以直接是单词索引。网络的架构主要负责学习规则及其系数。

用于**自然语言处理（NLP）**的端到端编码—解码网络的架构是如下图所示的**序列—序列网络**：

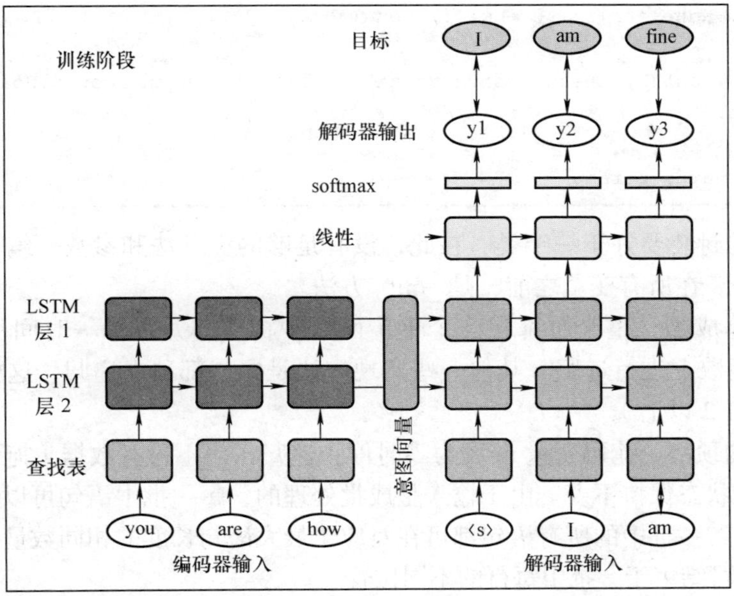


通过查找表，单词索引可转换为嵌入空间中的连续多维值。第 3 章　单词的向量编码所介绍的这种转换方法中的关键步骤是将离散单词索引编码到神经网络可处理的一个高维空间中。

然后，在输入单词中运行第一个 LSTM 来对输入进行编码，并生成意图向量。在第二个 LSTM 上将该向量初始化为初始内部状态，并产生目标语句中每个单词的下一个单词。

其中最核心的是 LSTM 单元的经典阶跃函数，以及输入、忽略、输出和单元门：

```
def LSTM( hidden_size):
  W = shared_norm((hidden_size, 4*hidden_size))
  U = shared_norm((hidden_size, 4*hidden_size))
  b = shared_zeros(4*hidden_size)

  params = [W, U, b]

  def forward(m, X, h_, C_ ):
    XW = T.dot(X, W)
    h_U = T.dot(h_, U)
    bfr_actv = XW + h_U + b

    f = T.nnet.sigmoid( bfr_actv[:, 0:hidden_size] )
    i = T.nnet.sigmoid( bfr_actv[:, 1*hidden_size:2*hidden_size] )
    o = T.nnet.sigmoid( bfr_actv[:, 2*hidden_size:3*hidden_size] )
    Cp = T.tanh( bfr_actv[:, 3*hidden_size:4*hidden_size] )

    C = i*Cp + f*C_
    h = o*T.tanh( C )
    C = m[:, None]*C + (1.0 - m)[:, None]*C_
```

```
        h = m[:, None]*h + (1.0 - m)[:, None]*h_

        h, C = T.cast(h, theano.config.floatX), T.cast(h, theano.config.floatX)
        return h, C

    return forward, params
```

一个简单的封装要好于一个类。在此，没有足够的类方法和参数。编写一个类需要添加大量的类本身。在所有变量之前，是 _init_ 方法。

为减少计算成本，整个层都在一个单步函数中构建，并在每一时间步长内最后层产生输出的全栈函数上进行递归。其他一些实现方法是每层都独立递归，这样效率会比较低（运行速度会慢 1/2 以上）。

在输入 X 的顶部，掩码变量 m 设为零时停止递归；当不再有数据（掩码值为零）输入时，隐态和单元状态保持不变。由于输入是成批处理的，每一批中语句可以长度不同，另外在掩码的作用下，一批中的所有语句都可在对应于最大语句长度的相同数量时间步长内并行处理。递归运算可结束于一批中每行的不同位置。

类的封装原因在于模型不能直接应用于某些符号输入变量，如之前的示例所述：实际上，该模型可以应用于内部递归循环的语句（利用扫描算子）。为此，在许多高级深度学习框架中，每层都设计为包括一个前向 / 后向方法的模块，并添加在各种架构（并行和递归）中，如本例所示。

编码器 / 解码器的全栈步进函数置于各自的递归循环内，具体设计如下：

```
def stack( voca_size, hidden_size, num_layers, embedding=None, target_voca_size=0):
    params = []

    if embedding == None:
        embedding = shared_norm( (voca_size, hidden_size) )
        params.append(embedding)

    layers = []
    for i in range(num_layers):
        f, p = LSTM(hidden_size)
        layers.append(f)
        params += p

    def forward( mask, inputs, h_, C_, until_symbol = None):
        if until_symbol == None :
            output = embedding[inputs]
        else:
            output = embedding[T.cast( inputs.argmax(axis=-1), "int32" )]

        hos = []
        Cos = []
      for i in range(num_layers):
```

```
            hs, Cs = layers[i](mask, output, h_[i], C_[i])
            hos.append(hs)
            Cos.append(Cs)
            output = hs

        if target_voca_size != 0:
            output_embedding = shared_norm((hidden_size, target_voca_size))
            params.append(output_embedding)
            output = T.dot(output, output_embedding)

          outputs = (T.cast(output, theano.config.floatX),T.cast(hos, theano.config.
floatX),T.cast(Cos, theano.config.floatX))

        if until_symbol != None:
              return outputs, theano.scan_module.until( T.eq(output.argmax(axis=-1)
[0], until_symbol) )

        return outputs

    return forward, params
```

第一步是将输入转换到嵌入空间。第二步是 LSTM 层的层叠。对于解码器（target_voca_size!=0），添加一个线性层来计算输出。

现在，已实现编码器 / 解码器步进函数，接下来开始构建整个编码—解码网络。

首先，编码—解码网络必须将输入编码为内部状态表示：

```
encoderInputs, encoderMask = T.imatrices(2)
h0,C0 = T.tensor3s(2)

encoder, encoder_params = stack(valid_data.source_size, opt.hidden_size, opt.num_
layers)

([encoder_outputs, hS, CS], encoder_updates) = theano.scan(
  fn = encoder,
  sequences = [encoderMask, encoderInputs],
  outputs_info = [None, h0, C0])
```

为了对输入进行编码，编码栈步进函数在每个单词上递归运行。

若 outputs_info 由 3 个变量组成，则扫描算子认为扫描操作的输出包括 3 个值。

这些输出结果来自于编码栈步进函数，分别对应于输入语句中每步 / 每个单词的：

- 栈的输出；
- 栈的隐态；
- 栈的单元状态。

在 outputs_info 中，none 表示编码器产生 3 个输出，但只有后两个输出值会反馈回步进函数（h0->h_ 和 C0->C_）。

若指向两个序列，则扫描操作的步进函数必须处理 4 个参数。

然后，一旦输入语句编码为一个向量，则编码—解码网络对其进行解码：

```
decoderInputs, decoderMask, decoderTarget = T.imatrices(3)

decoder, decoder_params = stack(valid_data.target_size, opt.hidden_size, opt.num_
layers, target_voca_size=valid_data.target_size)

([decoder_outputs, h_vals, C_vals], decoder_updates) = theano.scan(
  fn = decoder,
  sequences = [decoderMask, decoderInputs],
  outputs_info = [None, hS[-1], CS[-1]])

params = encoder_params + decoder_params
```

编码网络的最后状态 hS[-1]，CS[-1] 作为解码网络的初始隐态和初始单元状态。

计算输出的对数似然过程与前面处理序列的方法相同。

为了进行评估，最后一个预测单词必须反馈到解码器的输入来预测下一个单词，这与已知输入和输出语句的训练过程有所不同：

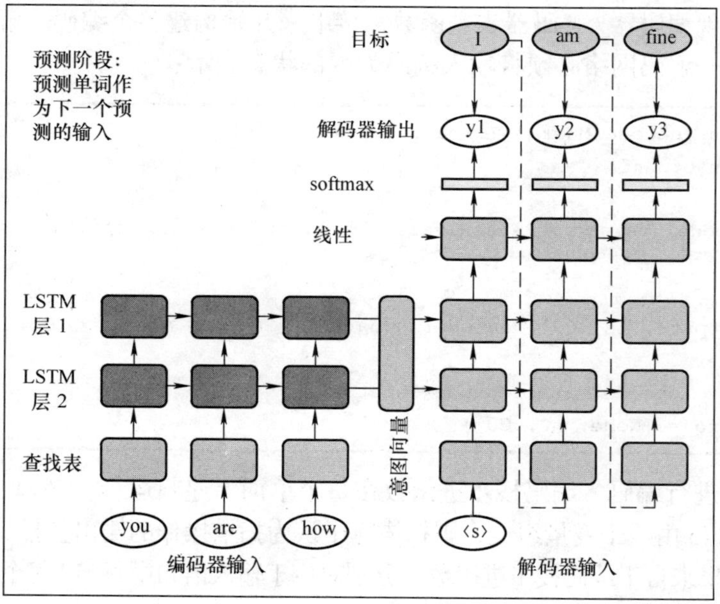


在这种情况下，outputs_info 中的 None 可由初始值—start 令牌 prediction_start—替代。由于不再是 None，该初始值会与 h0 和 C0 一起返回到解码器的步进函数。扫描算子认为在每一步中都有 3 个先前值馈入到解码器函数中（而不是以前的两个值）。另外，由于从输入序列中去除了 decoderInputs，解码栈步进函数的参数个数仍为 4 个：先前的预测输出值可替代馈入的输入值。这样，同样的解码器函数可用于训练和预测：

```
prediction_mask = theano.shared(np.ones(( opt.max_sent_size, 1), dtype="int32"))

prediction_start = np.zeros(( 1, valid_data.target_size),
dtype=theano.config.floatX)
prediction_start[0, valid_data.idx_start] = 1
prediction_start = theano.shared(prediction_start)

([decoder_outputs, h_vals, C_vals], decoder_updates) = theano.scan(
  fn = decoder,
  sequences = [prediction_mask],
  outputs_info = [prediction_start, hS[-1], CS[-1]],
  non_sequences = valid_data.idx_stop
  )
```

非序列参数 valid_data.idx_stop 用于表明解码步进函数是在预测模式，意味着输入不是单词索引，而是先前的输出（需要查找索引最大值）。

另外，在预测模式中，一次预测一个语句（批大小为 1）。当产生结束令牌时，则循环结束，这得益于解码栈步进函数中的 theano.scan_module.until 输出，而不再解码下一个单词。

## 8.2 序列—序列网络在语言翻译中的应用

**序列—序列（Seq2seq）**网络是在语言翻译中首次应用。

翻译任务是在**计算机语言学协会（ACL）**会议上提出的，其中包括一个由不同语言翻译的新闻构成的数据集 WMT16。该数据集的目的是评估新的翻译系统或技术。在此，采用德语—英语数据集。

1）首先，预处理数据：

```
python 0-preprocess_translations.py --srcfile data/src-train.txt --targetfile data/targ-train.txt --srcvalfile data/src-val.txt --targetvalfile data/targ-val.txt --outputfile data/demo
  First pass through data to get vocab...
  Number of sentences in training: 10000
  Number of sentences in valid: 2819
  Source vocab size: Original = 24995, Pruned = 24999
  Target vocab size: Original = 35816, Pruned = 35820
  (2819, 2819)
  Saved 2819 sentences (dropped 181 due to length/unk filter)
  (10000, 10000)
  Saved 10000 sentences (dropped 0 due to length/unk filter)
  Max sent length (before dropping): 127
```

2）训练 Seq2seq 网络：

```
python 1-train.py --dataset translation
```

值得注意的是，一个 GPU 的训练周期时间为 445.906425953s，这比 CPU 的训练周期时间（4297.15962195s）快 10 倍左右。

3）训练完成后，加载训练模型，将英语语句翻译为德语：

```
python 1-train.py --dataset translation --model model_translation_
e100_n2_h500
```

## 8.3 序列—序列网络在聊天机器人中的应用

序列—序列网络的第二种应用是问—答系统，或聊天机器人。

为此，下载 Cornell Movie——Dialogs Corpus，并进行预处理：

```
wget http://www.mpi-sws.org/~cristian/data/cornell_movie_dialogs_corpus.
zip -P /sharedfiles/
unzip /sharedfiles/cornell_movie_dialogs_corpus.zip -d /sharedfiles/
cornell_movie_dialogs_corpus

python 0-preprocess_movies.py
```

该语料库包含了从原始电影剧本中提取的大量虚拟对话元数据集。

由于源语句和目标语句都是同一种语言，因此采用相同的词汇表，并在编码和解码网络中采用相同的单词嵌入：

```
if opt.dataset == "chatbot":
embeddings = encoder_params[0]
```

对于 chatbot 数据集，所用的指令完全相同：

```
python 1-train.py --dataset chatbot # training
python 1-train.py --dataset chatbot --model model_chatbot_e100_n2_h500 #
answer my question
```

## 8.4 序列—序列网络的效率提高

在聊天机器人示例中第一个感兴趣的地方是输入序列的反向排序：现已证明这种技术可改善输出结果。

在翻译任务中，正如第 5 章　基于双向 LSTM 的情感分析中所述，通常是利用双向 LSTM 来计算内部状态：一个 LSTM 前向运行，而另一个 LSTM 对同一语句反向并行运行，并将两者的输出结果连接：

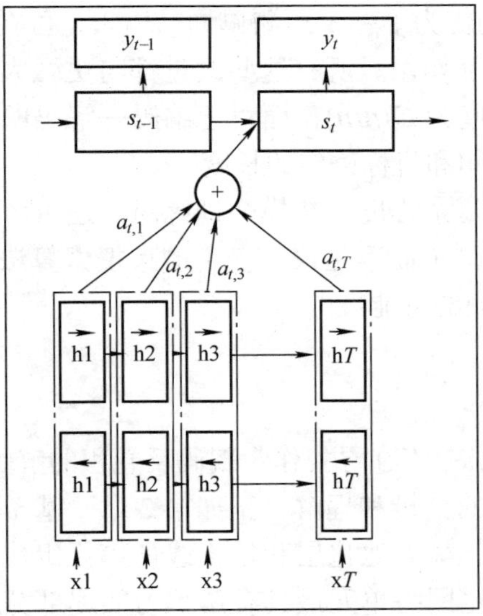


这种机制可有效获取过去和将来的最佳信息。

另一种技术是第 9 章将要介绍的注意力机制。

最后，已开发出细分改进技术并在二维网格 LSTM 上进行了测试，这种 LSTM 与层叠 LSTM 相差不大（唯一区别是在深度 / 堆栈方向上的门控机制）。

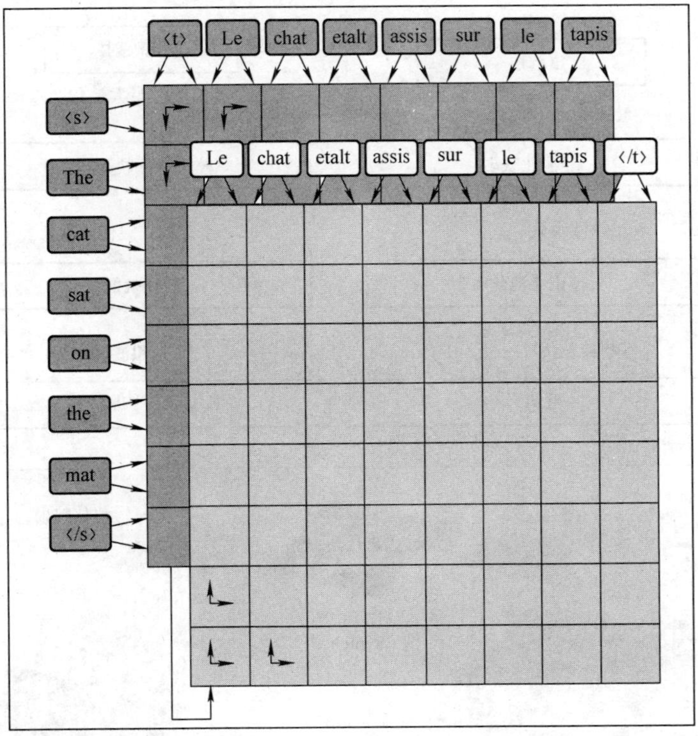


细分改进原理是在输入语句的两种顺序上依次运行堆栈。该思想是使得编码网络在前向编码之后重新访问或重新编码语句，并隐式获取某些时间特征。另外，值得注意的是，

2D 网格利用之前输出的单词作为下一个预测单词的输入，可在每次预测时间步长内对于向量的重新编码提供更多的相互作用。所有这些改进都与更强大的计算能力有关，对于该重新编码网络而言，计算复杂度为 $O(nm)$，而对于编码—解码网络，计算复杂度为 $O(n+m)$，其中 $n$ 和 $m$ 分别表示输入语句和目标语句的长度。

所有这些技术都可减少复杂程度。在模型训练时，还可考虑采用在每一个时间步长内根据概率跟踪前 $N$ 个可能预测（而不是仅一个）的**束搜索算法**，以避免出现不好的预测排名第一而导致进一步错误预测的可能性。

## 8.5 图像反卷积

在图像情况下，研究人员一直在寻找作为编码反卷积的解码操作。

第一个应用是卷积网络的分析和理解，正如第 2 章　基于前馈神经网络的手写体数字分类中所述，主要由卷积层、最大池化层和校正线性单元组成。为更好地理解网络，主要思想是将图像中对于一个给定网络单元最具有辨识力的那部分进行可视化：高层次特征映射中的单个神经元经激活后非零，信号逆向传播到 2D 输入。

通过最大池化层重构信号的思想是在前向传输过程中跟踪每个池化区域内的最大值位置。称为 DeConvNet 的这种架构如下图所示：

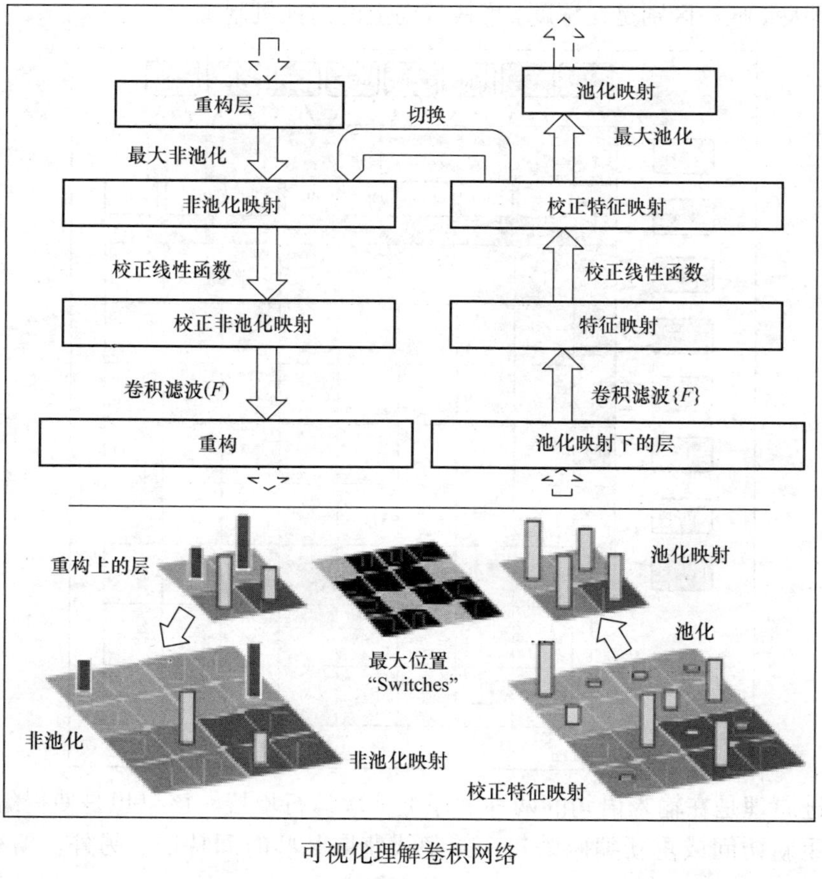


可视化理解卷积网络

在前向传输过程中，信号逆向传播到具有最大值的位置。

现有 3 种方法通过 ReLU 层来重构信号：

- 反向传播：只逆向传播到正输入的位置。
- 后向 DeconvNet：只逆向传播到正梯度的位置。
- 引导反向传播：只逆向传播到满足前向传播过程中正输入和正梯度两个条件的位置。

上述方法如下图所示：

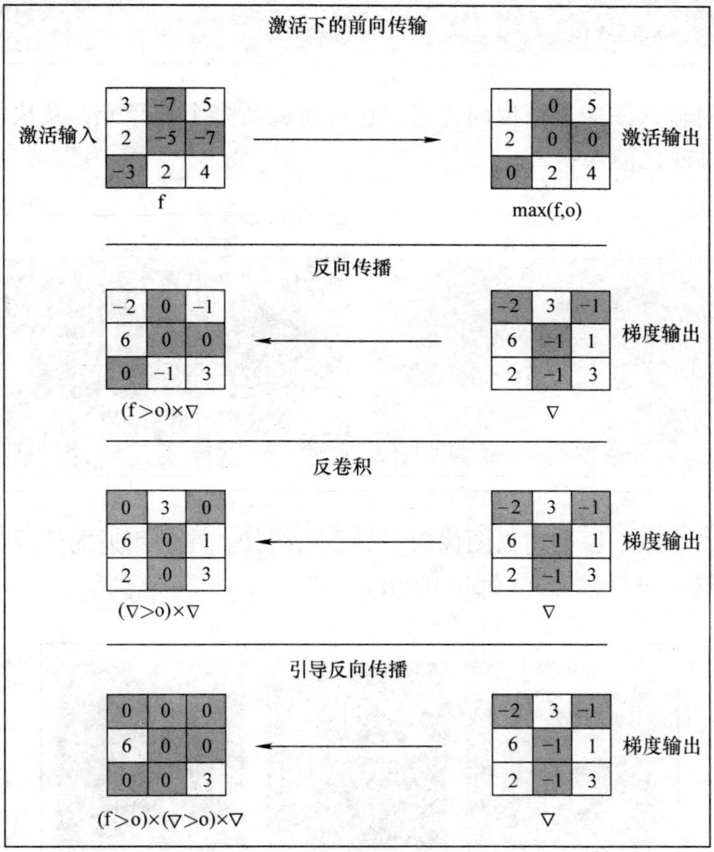


从第一层开始的逆向传播提供了各种各样的滤波器：

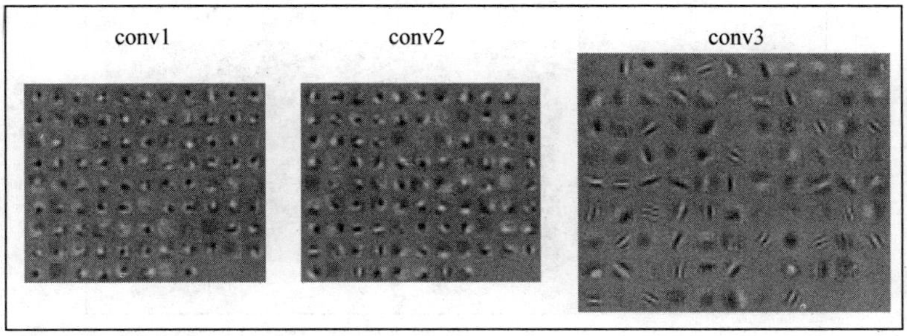


然而，从网络的更高层，引导反向传播可得到更优结果：

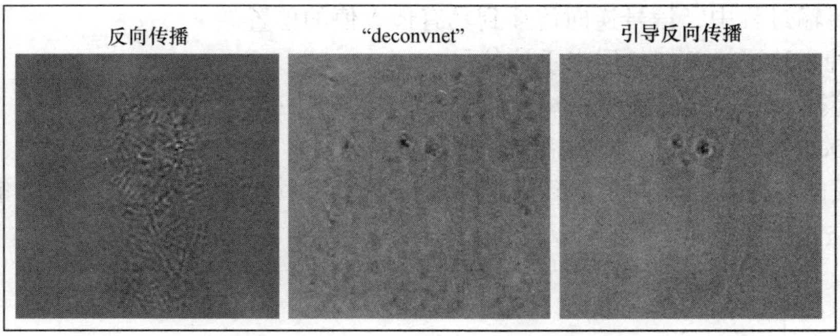


另外，还可对输入图像进行反向传播，这样将激活多个神经元，从执行逆向传播开始，以获得更精确的可视化输入：

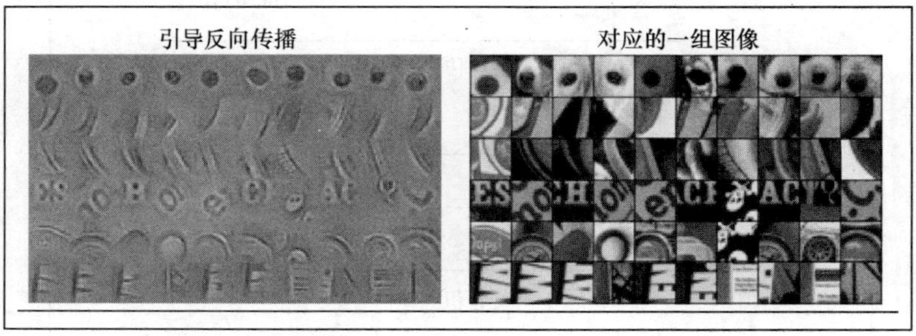


反向传播也可应用于原始输入图像而不是空白图像，在利用逆向传播增大输出概率时，Google 研究院将这一过程称为 Inceptionism。

但反卷积的主要目的是进行场景分割或图像语义分析，其中反卷积由上采样学习卷积替代，如 SegNet 网络：

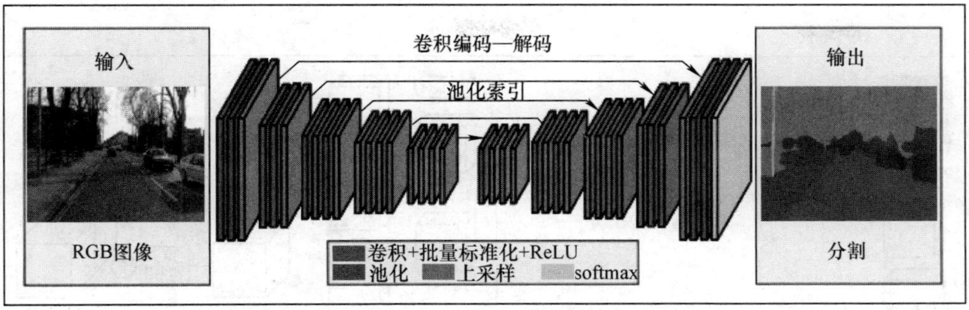


SegNet：图像分割的深度卷积编码—解码架构

在反卷积过程的每一步，底层的输入特征通常与当前特征相连接以实现上采样。

DeepMask 网络采用一种混合方法，即只对包含对象的图像块进行反卷积。为此，是在包含对象的 224 × 224 输入图像块（+/–16 个像素）上进行训练，而非整幅图像：

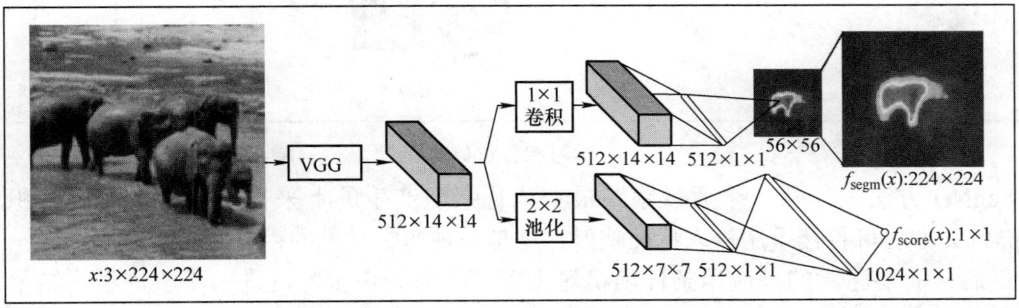


学习分割候选对象

编码网络（VGG-16）的卷积具有因数为 16 的下采样，从而得到 14 × 14 的特征映射。

联合学习可训练两个分支，一个用于分割，另一个用于根据对象是否在图像块中存在，居中并以合适比例大小来进行评估打分。

感兴趣的分支是从 14 × 14 的特征映射中上采样图像块中对象的 56 × 56 的分割映射的语义分支。为实现上采样，需满足下列条件：

- 一个完全连接层，这意味着上采样映射上的每个位置取决于所有特征，并具有预测值的全局图像。
- 一个卷积层（或局部连接层），不仅可减少参数个数，还可通过局部视图来预测每个位置的得分。
- 一种混合方法，由两个相互之间无非线性关系的线性层组成，由此降低维度，如上图所示。

然后，通过一个简单的双线性上采样层，上采样输出掩膜，并返回到 224 × 224 的原始图像块。

为处理整幅输入图像，完全连接层可转换为内核大小等于完全连接层输入大小且具有相同系数的卷积层，以使得在应用于整幅图像时，网络完全卷积，且步长为 16。

由于序列—序列网络已通过双向重新编码机制进行了细分改进，通过同等尺度的输入卷积特征，SharpMask 方法可提高上采样反卷积过程的锐度。

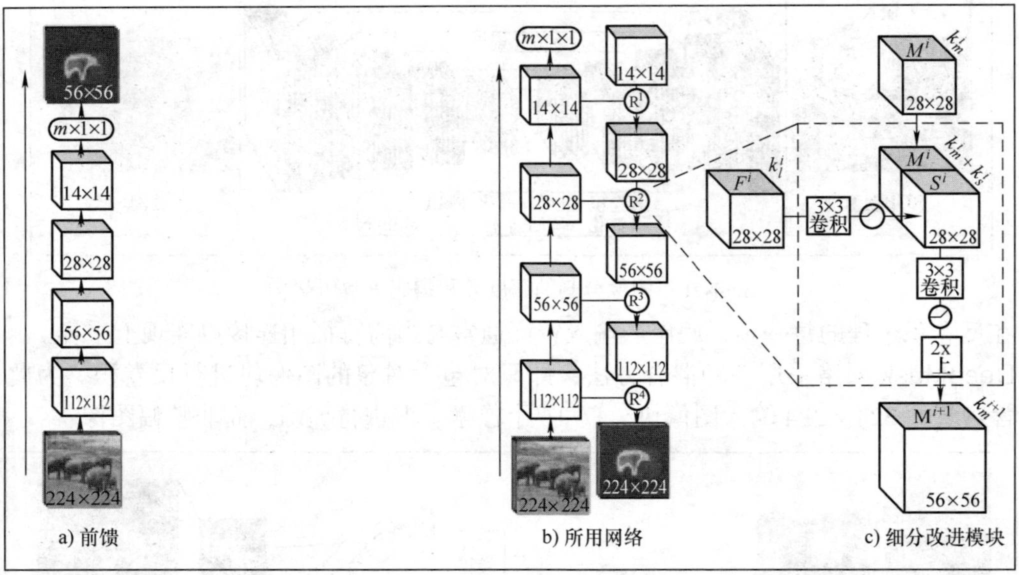


学习细分对象块

SegNet 方法只能从一个通过跟踪最大池化索引产生的上采样映射来学习反卷积，而 SharpMask 方法可直接重用输入特征映射，这是一种非常常见的粗分到细分方法。

最后，需要注意的是应用**条件随机场（CRF）**后处理步骤可进一步改进最终结果，不管是对于文本之类的一维输入，还是诸如分割图像的二维输入。

## 8.6 多模态深度学习

为进一步拓展可能的应用，编码—解码框架还可在不同模态下应用，如图像字幕。

图像字幕主要是用文字描述图像内容。输入是一幅图像，可利用深度卷积网络将其编码成一个意图向量。

利用 Seq2seq 网络中作为解码器的 LSTM 网络的同一堆栈，可从内部状态向量中产生描述图像的文本。

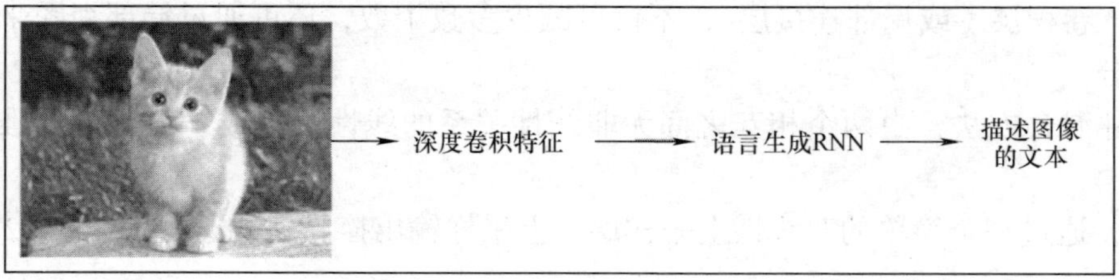


## 8.7 延伸阅读

有关本章的更多相关内容，可参阅下列文献：

• Sequence to Sequence Learning with Neural Networks, Ilya Sutskever, Oriol Vinyals, Quoc V. Le, Dec 2014

• Learning Phrase Representations using RNN Encoder–Decoder for Statistical Machine Translation, Kyunghyun Cho, Bart van Merrienboer, Caglar Gulcehre, Dzmitry Bahdanau, Fethi Bougares, Holger Schwenk, Yoshua Bengio, Sept 2014

• Neural Machine Translation by Jointly Learning to Align and Translate, Dzmitry Bahdanau, Kyunghyun Cho, Yoshua Bengio, May 2016

• A Neural Conversational Model, Oriol Vinyals, Quoc Le, July 2015

• Fast and Robust Neural Network Joint Models for Statistical Machine Translation, Jacob Devlin, Rabih Zbib, Zhongqiang Huang,Thomas Lamar, Richard Schwartz, John Mkahoul, 2014

• SYSTRAN's Pure Neural Machine Translation Systems, Josep Crego, Jungi Kim, Guillaume Klein, Anabel Rebollo, Kathy Yang, Jean Senellart, Egor Akhanov, Patrice Brunelle, Aurelien Coquard, Yongchao Deng, Satoshi Enoue, Chiyo Geiss, Joshua Johanson, Ardas Khalsa, Raoum Khiari, Byeongil Ko, Catherine Kobus, Jean Lorieux, Leidiana Martins, Dang-Chuan Nguyen, Alexandra Priori, Thomas Riccardi, Natalia Segal, Christophe Servan, Cyril Tiquet, Bo Wang, Jin Yang, Dakun Zhang, Jing Zhou, Peter Zoldan, 2016

• Blue: a method for automatic evaluatoin of machine translation, Kishore Papineni, Salim Roukos, Todd Ward, and Wei-Jing Zhu, 2002

• ACL 2016 translation task

• Chameleons in imagined conversations: A new approach to understanding coordination of linguistic style in dialogs, Cristian Danescu-NiculescuMizil and Lillian Lee2011 at: https://research.googleblog.com/2015/06/inceptionism-going-deeper-into-neural.html

• Semantic Image Segmentation with Deep Convolutional Nets and Fully Connected CRFs, Liang-Chieh Chen, George Papandreou, Iasonas Kokkinos, Kevin Murphy, Alan L., Yuille 2014

• SegNet: A Deep Convolutional Encoder-Decoder Architecture for Image Segmentation, Vijay Badrinarayanan, Alex Kendall, Roberto Cipolla, Oct 2016

• R-FCN: Object Detection via Region-based Fully Convolutional Networks, Jifeng Dai, Yi Li, Kaiming He, Jian Sun2016

• Learning to segment object candidates, Pedro O. Pinheiro, Ronan Collobert, Piotr Dollar, June 2015

• Learning to refine object segments, Pedro O. Pinheiro, Tsung-Yi Lin, Ronan Collobert, Piotr Dollàr, Mar 2016

• Visualizing and Understanding Convolutional Networks, Matthew D Zeiler, Rob Fergus, Nov 2013

• Show and tell: A Neural Image Caption Generator, Oriol Vinyals, Alexander Toshev, Samy Bengio, Dumitru Erhan, 2014

## 8.8 小结

随你所愿，全新的位置提供了新的可能性：编码网络和解码网络采用相同的堆栈层，只是方向相反。

尽管没有提供新的深度学习模块，但编码—解码技术仍是非常重要的，这是因为该技术可以训练“端到端”网络，即直接馈入输入和相应的输出，而无需指定网络的任何规则或模式，同时也无需将编码训练和解码训练分解为两个独立步骤。

图像分类是一种一对一的任务，而情感分析是一对多的任务，编码—解码技术则可应用于多对多的任务，如语言翻译或图像分割。

在第 9 章中，将介绍一种注意力机制，该机制可提供编码—解码架构的性能，但仅着重于输入的某一部分以产生更加准确的输出。

# 第 9 章 基于注意力机制的相关输入或记忆选择

本章介绍了一种与神经网络性能相关的注意力机制，并通过考虑输入或记忆的相关部分来提高网络性能。

采用这种机制，第 8 章所涉及的翻译、注释、解释和分割等任务都会在准确性方面有很大提高。

神经网络的输入和输出也可与外部存储器的读写相连接。这些通过外部存储增强的**记忆网络**能够确定哪些信息存储以及从何处进行检索。

本章主要包括以下内容：

- 注意力机制；
- 翻译校准；
- 神经图灵机；
- 记忆网络；
- 动态记忆网络。

## 9.1 注意力可微机制

在翻译语句、描述图像内容、诠释语句或录制音频时，自然而然地在按一定顺序的全面理解会在切换到下一部分之前重点关注输入语句或图像的某一部分，来获得段落的含义并进行转换。

例如，在德语中，动词会在一定条件下位于句末，因此在翻译成英语时，一旦阅读并翻译主题思想后，一个好的机器翻译神经网络可自动聚焦到语句结尾处来确定动词，并翻译成英语。输入位置与当前输出预测的匹配过程贯穿整个注意力机制。

首先，返回到设计一个 softmax 层以在给定输入 $X$ 下输出一个和为 1 的非负权重向量 $\bar{v}$ 的分类网络（见第 2 章　基于前馈神经网络的手写体数字分类）：

$$w_i(X) \geqslant 0$$

$$\sum_i w_i(X) = 1$$

分类目标是使得 $w_i(X)$ 在正确分类 $k$ 下尽可能接近 1，而在其他分类下近似为零。

此处的 $w_i(X)$ 是一个概率分布，但还可作为一个反映位置 $k$ 处记忆向量 $\vec{m}(X)$ 某些值的权重向量：

$$注意力输出 = \sum_i w_i(X) m_i(X)$$

若权重着重反映位置 $k$ 处，则返回 $m_k$。根据权重的锐度不同，输出将或多或少地模糊。

在特定位置处突出向量值 $m$ 的机制称为**注意力机制**即该机制是线性可微的，并在特定任务的训练中呈现反向传播梯度下降。

### 9.1.1 基于注意力机制的最佳翻译

注意力机制的应用非常广泛。为更好地理解，首先以机器翻译示例来进行阐述说明。注意力机制可使得原始语句和目标语句（预测翻译）对准，以避免语句过长而导致的翻译能力退化：

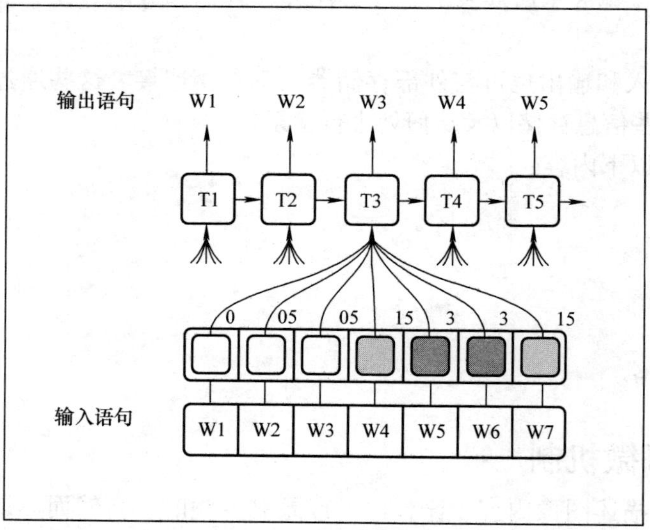


在第 8 章中，利用编码—解码框架和由编码器为解码器提供的一个固定长度编码向量 $c$ 来解决机器翻译问题。在注意力机制中，如果编码递归网络中每一时间步长都产生一个隐态 $h_i$，则在每个解码时间步长 $t$ 提供给解码器的向量是可变的：

$$c_t = \sum_i^T \alpha_{t,i} h_i$$

其中，$\alpha_{t,i}$ 是由 softmax 函数产生的对准系数：

$$\alpha_{t,i} = \text{softmax}\left(\left(W_s \cdot s_{t-1}\right)^T \left(W_h \cdot h_i\right)\right)$$

根据上一解码器隐态 $s_{t-1}$ 和编码隐态 $h_i$，上一解码器隐态和每个编码器隐态的点积将产生一个描述两者如何匹配的权重：

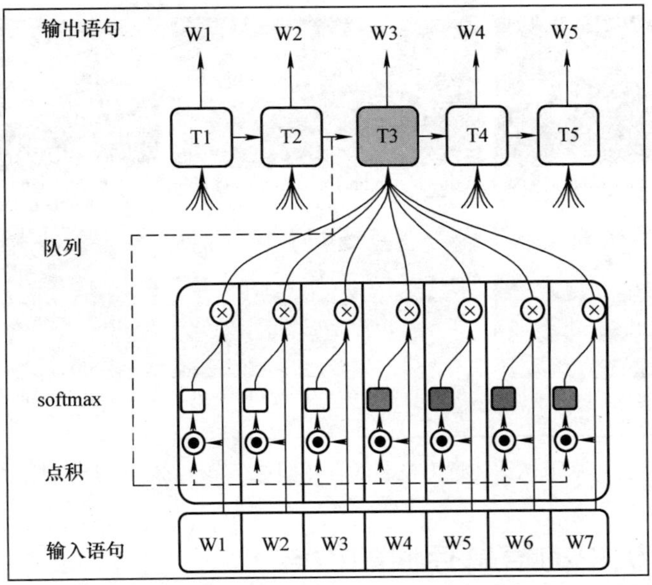


经过几个训练周期后，模块可根据所关注的某一部分输入来预测下一个单词：

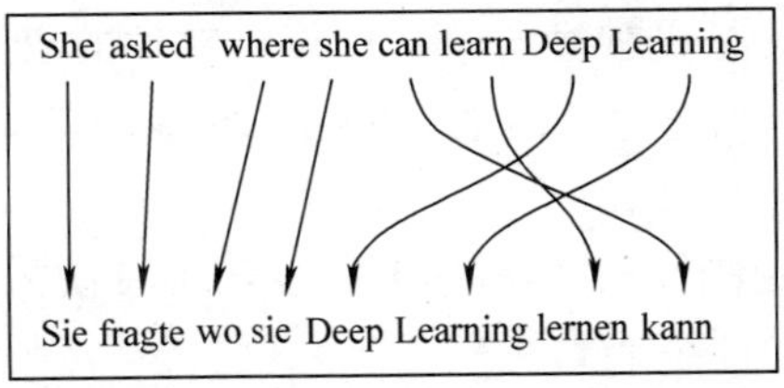


为学习更好地对准，可采用数据集中的对齐注释，并在根据注意力机制产生的权重中增加一个交叉熵损失，以用于第一个训练周期。

## 9.1.2 基于注意力机制的最佳图像注释

同样的注意力机制还可应用于图像注释或音频录制任务中。

对于图像而言，注意力机制着重于每一个预测时间步长处特征的相关部分：

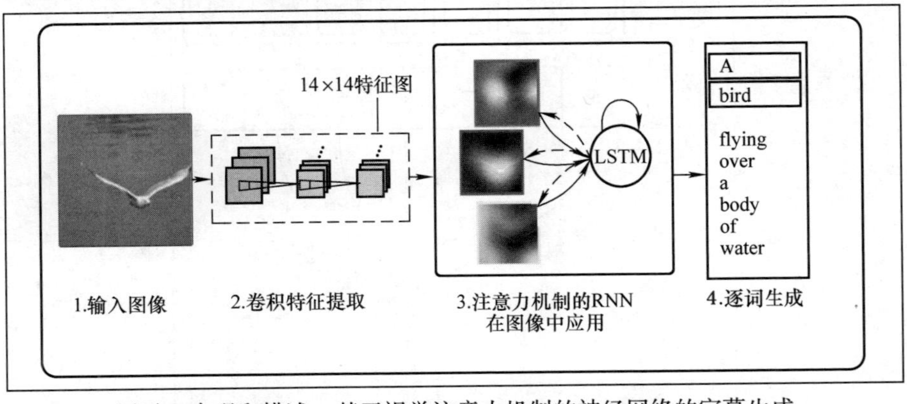


展示、表现和描述：基于视觉注意力机制的神经网络的字幕生成

接下来分析针对一个训练后模型的图像关注点：

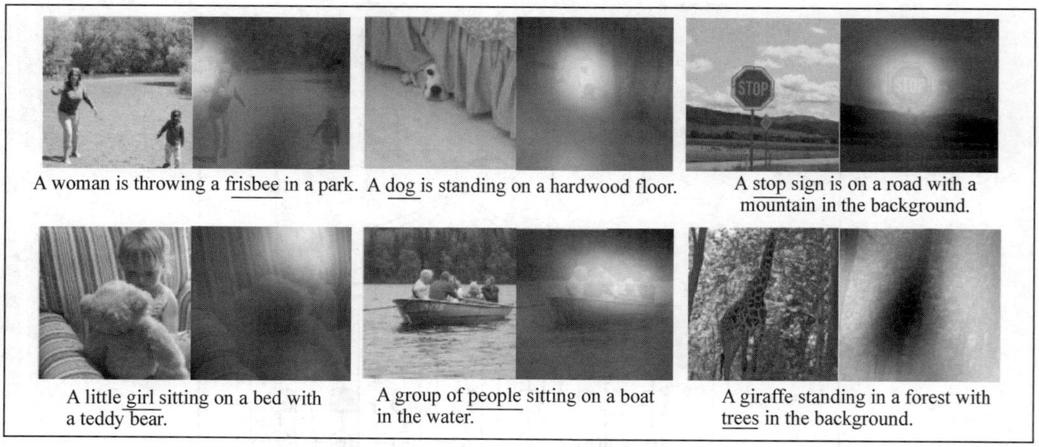


（展示、表现和描述：基于视觉注意力机制的自然图像字幕生成，引自 Kelvin Xu 等人，2015）

## 9.2 神经图灵机中的信息存储和检索

在记忆增强网络中，可利用注意力机制来访问某一部分内存。

神经图灵机中的记忆概念是受神经科学和计算机硬件的启发。

即使当 RNN 通过记忆单元进行了增强，如在 LSTM 下，但存储信息的 RNN 隐态仍无法存储足够大的数据量并进行检索。

为解决上述问题，在**神经图灵机（NTM）**的设计中首次采用了**外部记忆库**和读 / 写头，同时保留了利用梯度下降法的训练能力。

在将可变记忆库的注意力作为对上一示例的输入关注下，来读取记忆库：

$$r = \sum_i w_i^r M_i$$

这可由下列方式进行阐述说明：

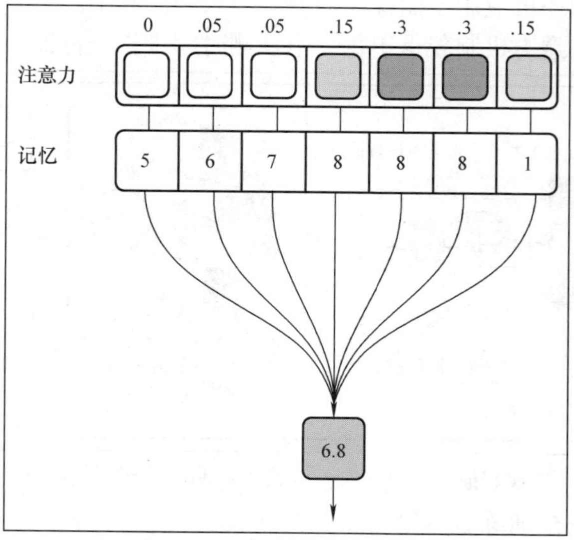

在另一种注意力机制下，将值写入包括新值赋给一部分记忆的记忆库：

$$M_t(i) = M_{t-1}(i)\left(1 - w_t^w(i)e_t\right) + w_t^w(i)a_t$$

式中，$a_t$ 表示要存储的信息；$e_t$ 表示要清除的信息；$M_t(i)$ 为各个记忆库的大小：

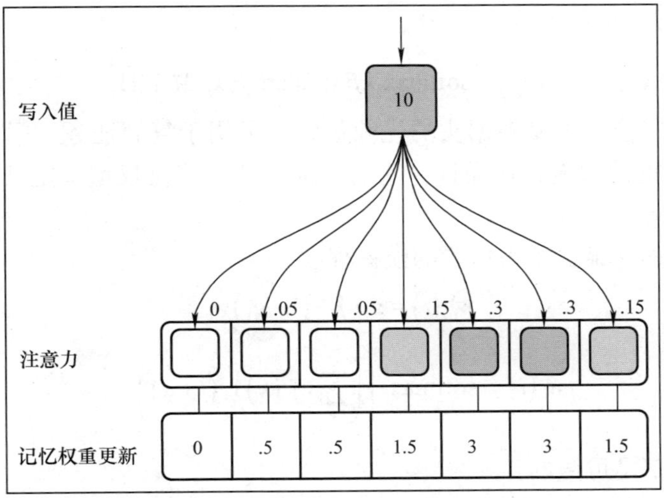


读写头在硬盘驱动器中设计，其传输能力由注意力权重 $w_t^r$ 和 $w_t^w$ 确定。

记忆 $M_t$ 设计为在每个时间步长处 LSTM 的单元记忆。但由于记忆库通常设计较大，网络往往在每个时间步长以比任何经典 RNN 干扰较少的形式来存储和组织新输入的数据。

具有记忆功能的工作过程自然是由一个在每个时间步长作为**控制器**的递归神经网络来驱动的：

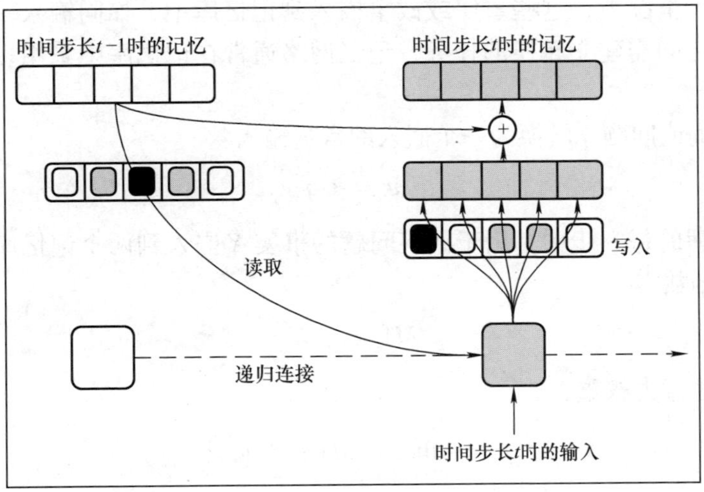

每一时间步长处的控制器网络输出如下：

• 每个写入 / 读取头的定位位置或注意力系数；

• 写入头的存储值或清除值。

原始 NTM 具有由权重 $w_t$ 定义的两种头定位的方法，也称为寻址：

• 基于内容的定位，将类似内容放置在记忆中的同一区域，这对于检索、排序或计数任务非常有用：

$$w_t(i) = \text{softmax}\left(\beta_t \text{similarity}\left(x_t, M_t(i)\right)\right)$$

• 基于位置的定位，主要根据头的先前位置，可用于复制任务。门 $g_t$ 定义了之前权重相对于新生成的权重的影响，从而计算头的当前位置。移位权重 $s_t$ 定义了从该位置的相对转换值。

最后，锐化权重 $\gamma_t$ 减少了头位置的模糊程度：

$$w_t^g(i) = g_t w_t^c + (1 - g_t) w_{t-1}$$

$$w_t(i) = \text{softmax}\left(\left(\sum_k w_t^g(k) s_t(i+k)\right)^{\gamma_t}\right)$$

上述所有操作都是可微的。

许多情况下，可能具有两个以上的头，特别是对于增加两个存储值且其中一个读取头受限的任务。

这些 NTM 表明在输入序列中检索下一项，重复多次输入序列或采样分布的任务中比 LSTM 具有更好的性能。

## 9.3 记忆网络

源于根据一些事实或故事来回答提问或解决问题的思想产生了一种新型网络：**记忆网络**的设计。在这种情况下，这些事实或故事嵌入到记忆库中，如同输入一样。为解决事实需排序或在事实之间需建立转换的任务，记忆网络通常在记忆库中采用多步或跳跃的递归推理过程。

首先，将查询或问题 $q$ 转换为一个嵌入的常量输入：

$$u_0 = B \cdot q$$

同时，在推理的每一步中，用于回答问题的事实 $X$ 嵌入到两个记忆库中，其中嵌入系数是时间步长的函数：

$$M1_t = A_t \cdot X$$

然后，计算注意力权重：

$$p_t = \text{softmax}\left(M1_t \cdot (B_t \cdot u_{t-1})\right)$$

以及

$$M2_t = C_t \cdot X$$

根据注意力进行选择：

$$o_t = p_t \cdot M2_t$$

然后每一步的推理结果与标识连接相结合，正如之前所述，来提高递归效率：

$$u_t = o_t + u_{t-1}$$

此外，在最后的 $u_k$ 上增加一个线性层和 softmax 分类层：

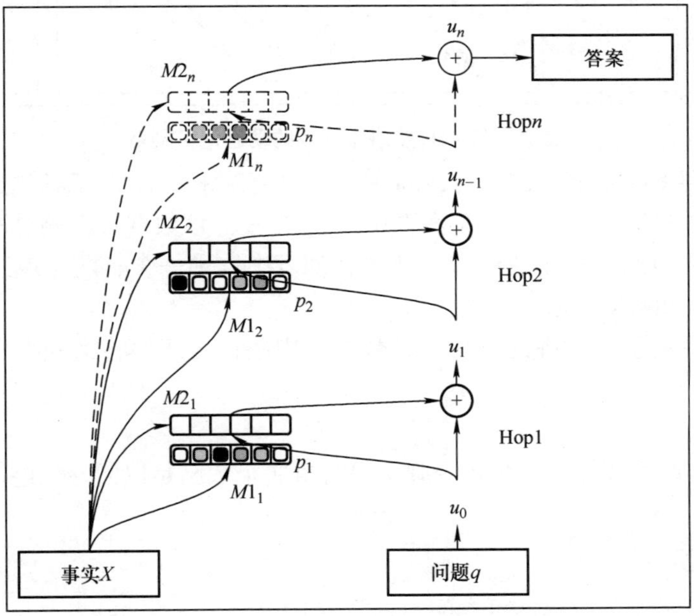


### 9.3.1 基于动态记忆网络的情景记忆

另一种设计方法是采用了动态记忆网络。首先，$N$ 个事实由分割符连接，然后编码为 RNN：每个分割处的 RNN 输出 $c_i$ 作为嵌入输入。这种事实的编码方式更加自然并可保持时间依赖性。问题也通过 RNN 编码来产生一个向量 $q$。

其次，根据注意力机制和 RNN，将记忆库替换为一个情景记忆，由此可保持事实之间的时间依赖性：

$$h_i^t = g_i^t GRU\left(c_i, h_{i-1}^t\right) + \left(1 - g_i^t\right) h_{i-1}^t$$

门 $g_i^t$ 是根据先前推理状态 $u_{t-1}$、问题和输入嵌入 $c_i$ 为输入由多层感知器给定。

在 RNN 中，推理过程相同：

$$u_t = GRU\left(h_N^t, u_{t-1}\right)$$

下图表明了输入和输出之间计算情景记忆的相互作用：

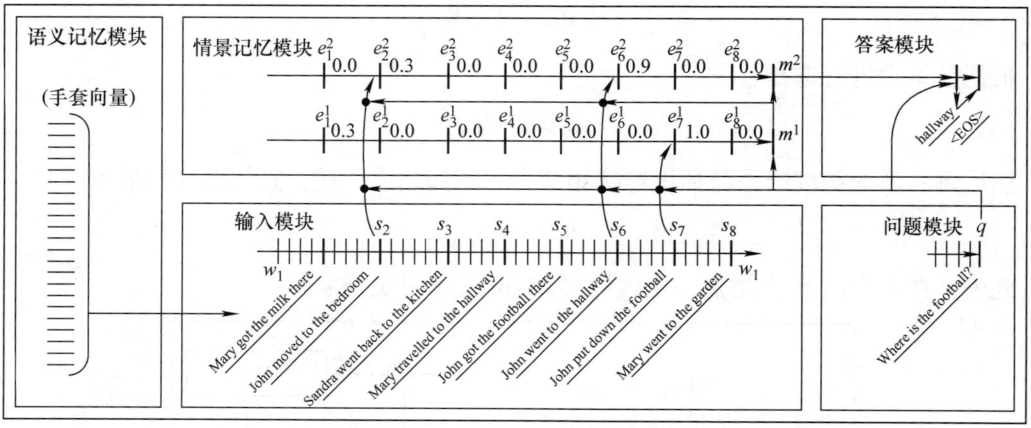


百事问答：自然语言处理的动态记忆网络

为提供这些网络的基准测试平台，Facebook 研究院采用 NLP 工具创建了一些随机建模故事的事实、问题和答案，以生成综合的 bAbI 数据集。该数据集由测试不同推理技巧的不同任务组成，如在时间、大小或位置、计数和列表中推理一个、两个或三个事实，或理解论据、反例、动机和解决方法之间的关系。

关于机器翻译中引导对齐的问题，若数据集中还包含产生答案的事实注释，则也可用于监督式训练：

- 注意力机制；
- 何时停止推理循环并产生终止令牌、何时事实个数已足以回答问题。

## 9.4 延伸阅读

有关本章的更多相关内容，可参阅下列文献：

- Ask Me Anything: Dynamic Memory Networks for Natural Language Processing, Ankit Kumar, Ozan Irsoy, Peter Ondruska, Mohit Iyyer, James Bradbury, Ishaan Gulrajani, Victor Zhong, Romain Paulus, Richard Socher, 2015
- Attention and Augmented Recurrent Neural Networks, Chris Olah, Shan Carter, Sept 2016 http://distill.pub/2016/augmented-rnns/
- Guided Alignment training for Topic Aware Neural Machine Translation, Wenhu Chen, Evgeny Matusov, Shahram Khadivi, Jan-Thorsten Peter, Jul 2016
- Show, Attend and Tell: Neural Image Caption Generation with Visual Attention, Kelvin Xu, Jimmy Ba, Ryan Kiros, Kyunghyun Cho, Aaron Courville, Ruslan Salakhutdinov, Richard Zemel, Yoshua Bengio, Fev 2015
- Towards AI-Complete Question Answering: A Set of Prerequisite Toy Tasks, Jason Weston, Antoine Bordes, Sumit Chopra, Alexander M. Rush, Bart van Merriënboer, Armand Joulin, Tomas Mikolov,2015
- Memory Networks, Jason Weston, Sumit Chopra, Antoine Bordes,2014

- End-To-End Memory Networks, Sainbayar Sukhbaatar, Arthur Szlam, Jason Weston, Rob Fergus, 2015
- Neural Turing Machines, Alex Graves, Greg Wayne, Ivo Danihelka, 2014
- Deep Visual-Semantic Alignments for Generating Image Descriptions, Andrej Karpathy, Li Fei-Fei, 2014

## 9.5 小结

注意力机制是帮助神经网络选择正确信息并着重于产生正确输出的智能选择。该机制可直接位于输入或特征（通过几层处理的输入）上。在翻译、图像注释和语言识别等任务中，可大大提高准确性，尤其是在输入维度非常关键时。

注意力机制作为一种输入 / 输出，即读取和写入，还产生了一些由外部记忆增强的新型网络。事实证明，这些网络在问—答方面功能强大，其中，大部分是在自然语言处理任务中：标记、分类、序列—序列或回答问题等任务。

在第 10 章中，将讨论更广泛的 RNN 中的先进技术及其应用，以提高网络精度。

# 第 10 章
# 基于先进递归神经网络的时间序列预测

本章主要介绍 RNN 的先进技术。

第 2 章 基于前馈神经网络的手写体数字分类中用于前馈网络的技术，如深度多层或增加退出层，现已对递归网络提出挑战，并需要一些新的设计原理。

由于增加新层会产生消失 / 爆炸梯度问题，一种在第 7 章　基于残差网络的图像分类中所应用的基于标识连接的新技术现已证明能够提供最先进的结果。

本章主要包括以下内容：

- 变分 RNN；
- 层叠 RNN；
- 深度转移 RNN；
- 高速连接及其在 RNN 中的应用。

## 10.1　RNN 的退出

dropout 在神经网络中的应用一直以来都是一个热门研究问题，这是因为 dropout 在递归连接中的直接应用会引入不稳定，从而难以训练 RNN。

现已提出一种源于变分**贝叶斯网络**理论的解决方案。该方法的思想非常简单，主要是对待训练的 RNN 的整个序列保留相同的退出掩码，如下图所示，并在每个新序列中生成一个新的退出掩码。

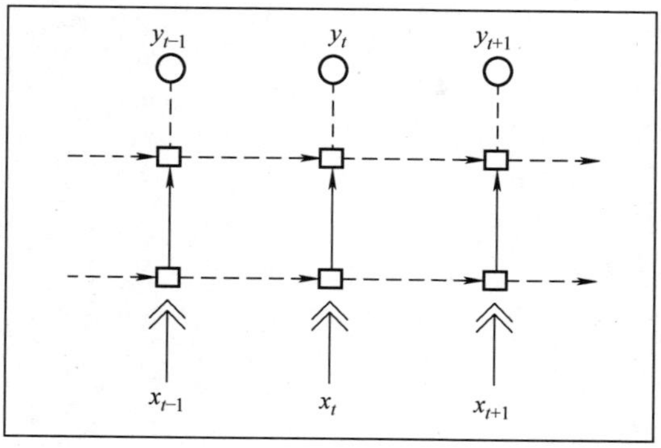

这种技术称为**变分 RNN**。对于上图中具有相同箭头方向的连接，所有序列将保持具有噪声掩码常量。

为此，引入符号变量 _is_training 和 _noise_x 来对训练过程中的输入、输出和递归连接增加一个随机（变分）噪声（退出）：

```
_is_training = T.iscalar('is_training')
_noise_x = T.matrix('noise_x')
inputs = apply_dropout(_is_training, inputs, T.shape_padright(_
noise_x.T))
```

## 10.2 RNN 的深度学习方法

通过深度学习来增强网络表征能力的核心原理是增加更多的层。对于 RNN，有两种方法来增加层数：

• 第一种方法称为**层叠递归网络**，其中第一个递归网络的隐层输出作为第二个递归网络的输入，以此类推，这样就会有多个递归网络相互叠加：

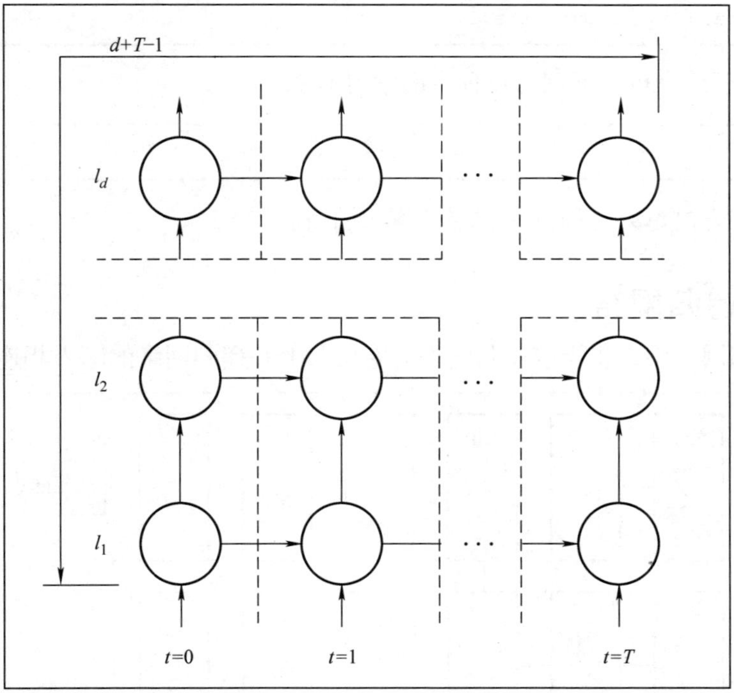


在深度为 $d$、时间步长为 $T$ 的情况下，输入和输出之间连接层的最大个数为 $d+T-1$。

• 第二种方法称为**深度转移网络**，主要是在递归连接中增加更多的层。

在这种情况下，输入与输出之间连接层的最大个数为 $d\times T$，现已证明该方法具有强大的性能。

上述两种方法都可以得到更好的性能结果。

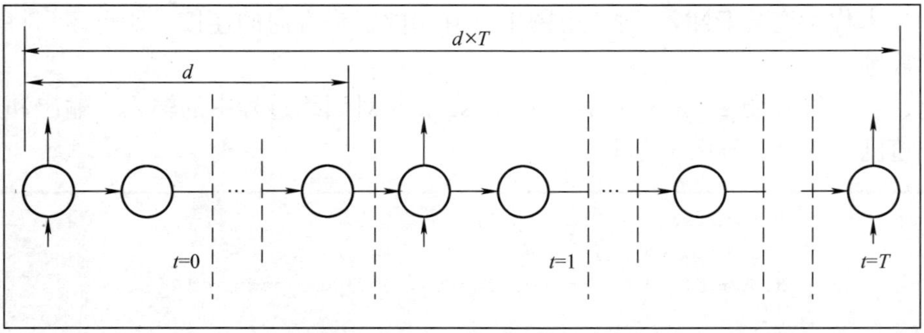


然而，对于第二种方法，随着层数以某一因数的增多，训练过程会变得更加复杂和不稳定，这是因为信号快速衰减或爆发。在此，将通过递归高速连接的原理来解决该问题。

按照惯例，首先将以词汇表中索引数组及其维度（batch_size、num_steps）表示的单词序列嵌入到输入的张量维度（num_steps、batch_size、hidden_size）中：

```
embedding = shared_uniform(( config.vocab_size,config.hidden_size),
config.init_scale)
params = [embedding]
inputs = embedding[_input_data.T]
```

输入符号变量 _lr 可降低训练过程中的学习速率：

```
_lr = theano.shared(cast_floatX(config.learning_rate), 'lr')
```

接下来，首先讨论第一种方法：层叠递归网络。

## 10.3 层叠递归网络

在层叠递归网络中，将当前递归网络的隐层与上一递归网络的输入相连：

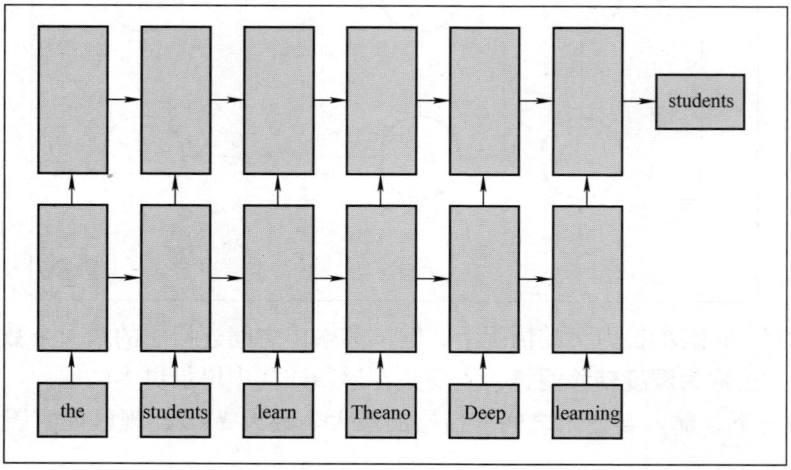


若层数为 1，则为第 9 章所介绍的递归网络。

在此，给出退出在简单 RNN 模型中的实现代码：

```
def model(inputs, _is_training, params, batch_size, hidden_size, drop_i, drop_s,
init_scale, init_H_bias):
    noise_i_for_H = get_dropout_noise((batch_size, hidden_size), drop_i)
    i_for_H = apply_dropout(_is_training, inputs, noise_i_for_H)
    i_for_H = linear.model(i_for_H, params, hidden_size,
                    hidden_size, init_scale, bias_init=init_H_bias)

    # Dropout noise for recurrent hidden state.
    noise_s = get_dropout_noise((batch_size, hidden_size), drop_s)

    def step(i_for_H_t, y_tm1, noise_s):
        s_lm1_for_H = apply_dropout(_is_training,y_tm1, noise_s)
        return T.tanh(i_for_H_t + linear.model(s_lm1_for_H,
                  params, hidden_size, hidden_size, init_scale))

    y_0 = shared_zeros((batch_size, hidden_size), name='h0')
    y, _ = theano.scan(step, sequences=i_for_H, outputs_info=[y_0], non_sequences =
[noise_s])

    y_last = y[-1]
    sticky_state_updates = [(y_0, y_last)]

    return y, y_0, sticky_state_updates
```

在 LSTM 模型中，实现方法相同：

```
def model(inputs, _is_training, params, batch_size, hidden_size, drop_i, drop_s,
init_scale, init_H_bias, tied_noise):
    noise_i_for_i = get_dropout_noise((batch_size, hidden_size), drop_i)
     noise_i_for_f = get_dropout_noise((batch_size, hidden_size), drop_i) if not
tied_noise else noise_i_for_i
     noise_i_for_c = get_dropout_noise((batch_size, hidden_size), drop_i) if not
tied_noise else noise_i_for_i
     noise_i_for_o = get_dropout_noise((batch_size, hidden_size), drop_i) if not
tied_noise else noise_i_for_i

    i_for_i = apply_dropout(_is_training, inputs, noise_i_for_i)
    i_for_f = apply_dropout(_is_training, inputs, noise_i_for_f)
    i_for_c = apply_dropout(_is_training, inputs, noise_i_for_c)
    i_for_o = apply_dropout(_is_training, inputs, noise_i_for_o)

     i_for_i = linear.model(i_for_i, params, hidden_size, hidden_size, init_scale,
bias_init=init_H_bias)
     i_for_f = linear.model(i_for_f, params, hidden_size, hidden_size, init_scale,
bias_init=init_H_bias)
     i_for_c = linear.model(i_for_c, params, hidden_size, hidden_size, init_scale,
```

```
bias_init=init_H_bias)
     i_for_o = linear.model(i_for_o, params, hidden_size, hidden_size, init_scale,
bias_init=init_H_bias)

    # Dropout noise for recurrent hidden state.
    noise_s = get_dropout_noise((batch_size, hidden_size), drop_s)
    if not tied_noise:
      noise_s = T.stack(noise_s, get_dropout_noise((batch_size, hidden_size), drop_
s),
 get_dropout_noise((batch_size, hidden_size), drop_s), get_dropout_noise((batch_
size, hidden_size), drop_s))


    def step(i_for_i_t,i_for_f_t,i_for_c_t,i_for_o_t, y_tm1, c_tm1, noise_s):
        noise_s_for_i = noise_s if tied_noise else noise_s[0]
        noise_s_for_f = noise_s if tied_noise else noise_s[1]
        noise_s_for_c = noise_s if tied_noise else noise_s[2]
        noise_s_for_o = noise_s if tied_noise else noise_s[3]

        s_lm1_for_i = apply_dropout(_is_training,y_tm1, noise_s_for_i)
        s_lm1_for_f = apply_dropout(_is_training,y_tm1, noise_s_for_f)
        s_lm1_for_c = apply_dropout(_is_training,y_tm1, noise_s_for_c)
        s_lm1_for_o = apply_dropout(_is_training,y_tm1, noise_s_for_o)

         i_t = T.nnet.sigmoid(i_for_i_t + linear.model(s_lm1_for_i, params, hidden_
size, hidden_size, init_scale))
         f_t = T.nnet.sigmoid(i_for_o_t + linear.model(s_lm1_for_f, params, hidden_
size, hidden_size, init_scale))
          c_t = f_t * c_tm1 + i_t * T.tanh(i_for_c_t + linear.model(s_lm1_for_c,
params, hidden_size, hidden_size, init_scale))
         o_t = T.nnet.sigmoid(i_for_o_t + linear.model(s_lm1_for_o, params, hidden_
size, hidden_size, init_scale))
        return o_t * T.tanh(c_t), c_t

    y_0 = shared_zeros((batch_size,hidden_size), name='h0')
    c_0 = shared_zeros((batch_size,hidden_size), name='c0')
     [y, c], _ = theano.scan(step, sequences=[i_for_i,i_for_f,i_for_c,i_for_o],
outputs_info=[y_0,c_0], non_sequences = [noise_s])

    y_last = y[-1]
    sticky_state_updates = [(y_0, y_last)]

    return y, y_0, sticky_state_updates
```

然后，运行所实现的层叠网络：

```
python train_stacked.py --model=rnn
python train_stacked.py --model=lstm
```

对于 RNN 模型，总有 15203150 个参数，且在 CPU 上运行时每秒可处理 326 个单词（WPS），而在 GPU 上运行每秒可处理 4806 个单词。

对于 LSTM 模型，参数个数为 35882600，且在 GPU 上运行速度为 1445WPS。

但层叠 RNN 网络并不收敛，因此可以想象：消失 / 爆炸梯度问题会随着深度的增加而增大。

专门设计用于解决收敛问题的 LSTM 模型，在层叠时会比单层模型的收敛性提高很多。

## 10.4 深度转移递归网络

与层叠递归网络不同，深度转移递归网络是通过在递归连接内部增加更多的层或微时间步长来沿时间方向增加网络的深度。

为进一步详细阐述，首先回到递归网络中转移 / 递归连接的定义：根据前一状态 $y^{t-1}$ 和时刻 $t$ 的输入数据 $x^t$ 来预测新的状态 $y^t$。

在深度转移递归网络中，递归转移是在多层中进行的，直到递归深度 $L$：初始状态设为上一次转移的输出：

$$s_0^t = y^{t-1}$$

另外，在转移过程中，计算多个状态或阶段：

$$s_l^t = H_l\left(x^t, s_{l-1}^t\right) = \tanh\left(W_l^H x^t 1_{l=1} + R_l^H s_{l-1}^t + b_l^H\right)$$

转移的输出为最终状态：

$$y^t = s_L$$

## 10.5 高速网络设计原理

在长期依赖的反向传播过程中，在转移连接中增加多层会加剧消失或爆炸梯度问题。

在第 4 章　基于递归神经网络的文本生成中，已提出 LSTM 和 GRU 网络作为针对该问题的解决方案。另外，二阶优化技术也有助于解决上述问题。

一个更通用的原理，即第 7 章　基于残差网络的图像分类中基于**标识连接**的方法来改进深度网络的训练，也可用于深度转移网络。

在此给出该原理的理论依据：

给定一个隐层 $H$ 的输入 $x$，且权重为 $W_H$：

$$y = H\left(W_H, x\right)$$

高速网络的设计思想是对一层或一组层的输出增加原始输入信息（即包含一个标识层），记为

$$y=x$$

通过变换门 $T(W_T, x)$ 和进位门 $C(W_c, x)$ 这两个混合门来学习调节隐层中变换的影响，并允许原始信息通过：

$$y = H(W_H, x) \cdot T(W_T, x) + x \cdot C(W_c, x)$$

通常，为减少参数总量以得到快速训练网络，进位门可作为变换门的补：

$$C(W_c, x) = 1 - T(W_T, x)$$

## 10.6 递归高速网络

因此，可将高速网络设计方法应用于深度转移递归网络，从而产生**递归高速网络**（RHN），并在给定转移输入 $y^{t-1}$ 下预测输出 $y^t$：

$$s_0^t = y^{t-1}$$

利用多步高速连接可实现转移：

$$s_l^t = H_l(x^t, s_{l-1}^t) \cdot T_l(x^t, s_{l-1}^t) + s_{l-1}^t \cdot C_l(x^t, s_{l-1}^t)$$

$$y^t = s_L$$

其中，变换门如下：

$$T_l(x^t, s_{l-1}^t) = \sigma(W_l^T x^t 1_{l=1} + R_l^T s_{l-1}^t + b_l^T)$$

另外，为减少权重个数，进位门作为变换门的补：

$$C(W_c, x) = 1 - T(W_T, x)$$

为了在 GPU 上更快地计算，最好是通过单个大矩阵乘法在全时长输入矩阵 i_ for_H=$W_l^H x$ 和 i_ for_T=$W_l^T x$ 中立刻计算不同时间步长 $W_l^H x^T$ 和 $W_l^H x^t$ 上输入的线性变换，这是因为 GPU 可更好地进行并行处理，并为递归处理提供输入：

```
y_0 = shared_zeros((batch_size, hidden_size))
y, _ = theano.scan(deep_step_fn, sequences = [i_for_H, i_for_T],
            outputs_info = [y_0], non_sequences = [noise_s])
```

每个时间步长之间的深度转移为

```
def deep_step_fn(i_for_H_t, i_for_T_t, y_tm1, noise_s):
  s_lm1 = y_tm1
  for l in range(transition_depth):
    if l == 0:
      H = T.tanh(i_for_H_t + linear(s_lm1, params, hidden_size, hidden_size, init_
scale))
       Tr = T.nnet.sigmoid(i_for_T_t + linear(s_lm1, params, hidden_size, hidden_
size, init_scale))
    else:
      H = T.tanh(linear(s_lm1, params, hidden_size, hidden_size, init_scale, bias_
init=init_H_bias))
```

```
        Tr = T.nnet.sigmoid(linear(s_lm1, params, hidden_size, hidden_size, init_
scale, bias_init=init_T_bias))
      s_l = H * Tr + s_lm1 * ( 1 - Tr )
      s_lm1 = s_l
    y_t = s_l
    return y_t
```

RHN 的递归隐态是固定不变的（一个批次的最后一个隐态传递到下一批次，作为初始隐态）。这些状态均保存在一个共享变量中。

现在，按上述模式运行：

```
python train_stacked.py
```

层叠 RHN 的参数个数为 84172000，在 GPU 上运行速度为 420WPS。

该模型是用于文本精度的最先进的 RNN 模型。

## 10.7 延伸阅读

有关本章的更多相关内容，可参阅下列文献：

- Highway Networks at: https://arxiv.org/abs/1505.00387
- Depth-Gated LSTM at: https://arxiv.org/abs/1508.03790
- Learning Longer Memory in Recurrent Neural Networks at: https://arxiv. org/abs/1412.7753
- Grid Long Short-Term Memory, Nal Kalchbrenner, Ivo Danihelka, Alex Graves
- Zilly, J, Srivastava, R, Koutnik, J, Schmidhuber, J., Recurrent Highway Networks, 2016
- Gal, Y, A Theoretically Grounded Application of Dropout in Recurrent Neural Networks, 2015
- Zaremba, W, Sutskever, I, Vinyals, O, Recurrent neural network regularization, 2014
- Press, O, Wolf, L, Using the Output Embedding to Improve Language Models, 2016
- Gated Feedback Recurrent Neural Networks: Junyoung Chung, Caglar Gulcehre, Kyunghyun Cho, Yoshua Bengio 2015
- A Clockwork RNN: Jan Koutník, Klaus Greff, Faustino Gomez, Jürgen Schmidhuber 2014

## 10.8 小结

一种提高网络鲁棒性的经典退出方法可应用于按序列或按批次的递归网络，以避免递归转移的不稳定和失效。例如，在应用于单词输入 / 输出时，相当于从语句中删除相同的单词，而替换为空值。

深度学习中提高精度的层叠原理可直接应用于深度方向层叠的递归网络。

在递归网络的转移中应用同样的原理会加剧消失 / 爆炸梯度问题，但可通过基于标识连接的高速网络来缓解。

RNN 的先进技术在序列预测方面取得了最新成果。

# 第 11 章
# 强化环境学习

监督式学习和非监督式学习的区别在于在训练过程中是否存在标签或目标。对于智能体而言，一种更加自然的学习环境是在做出正确决策后会得到奖励。这种奖励可能会与复杂环境有关，是多种行为延迟或累积后的结果。例如自如地打网球。

为了优化人工智能体从环境获得的奖励，在**强化学习（RL）**领域现已提出许多算法，如 $Q$ 学习、蒙特卡洛树搜索以及深度学习，这些算法都经过不断改进而成为新的方法，如深度 $Q$ 学习网络、策略网络、价值网络和策略梯度等。

本章首先介绍强化学习框架，及其在虚拟环境中的应用。然后分析其算法并与深度学习相结合，这可解决人工智能领域中最具挑战性的问题。

本章主要包括以下内容：

- 强化学习；
- 仿真环境；
- $Q$ 学习；
- 蒙特卡洛树搜索；
- 深度 $Q$ 学习网络；
- 策略梯度；
- 异步梯度下降。

为简化神经网络的开发，在本章中将采用在第 5 章　基于双向 LSTM 的情感分析中所介绍的 Theano 顶层的高级深度学习库——Keras。

## 11.1　强化学习任务

强化学习主要是训练智能体，即仅通过来自**环境**的一些反馈信息，经过学习最终得到最佳反馈。智能体通过**执行**动作来改变环境**状态**。

在环境中导航的行为可表示为图中从一个状态转移到另一个状态的有向边，如下图所示：

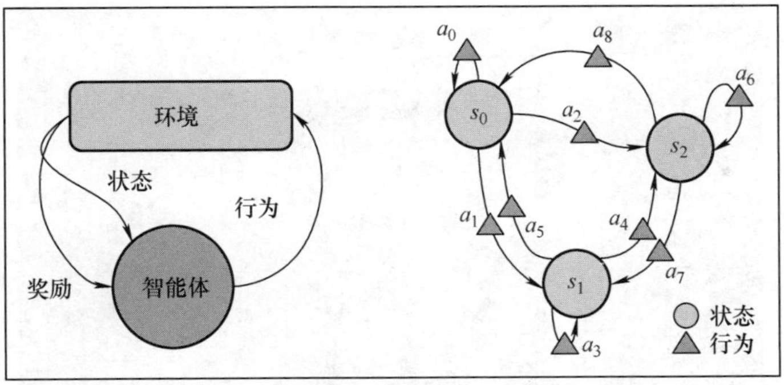


在真实环境（行走机器人、电动机控制等）或虚拟环境（电子游戏、在线游戏、聊天室等）中的机器人需确定哪些动作（按键）能够获得最大奖励：

## 11.2 仿真环境

虚拟环境可以模拟成千上万个比赛场景，而且除了计算之外没有任何成本。为了给不同强化学习算法的性能测试提供基准平台，研究人员开发出了相应的仿真环境。

为得到比较好的一般解决方案，Open-AI 非盈利人工智能研究公司联合商业巨头 Elon Musk 开发了开放源代码的仿真环境，旨在以这样一种方式来积极推动和发展友好的 AI，从而造福全人类。Open-AI Gym (https://gym.openai.com/) 是 Python 工具包中强化学习任务和环境的一个集合，用于测试所提出的各种方法。在这些环境中，包括：

• Atari 2600 的电子游戏，这是 1977 年 Atari 公司发布的家庭电子游戏控制台，是从 Arcade 学习环境（一个最常见的 RL 基准环境）中封装的模拟器：

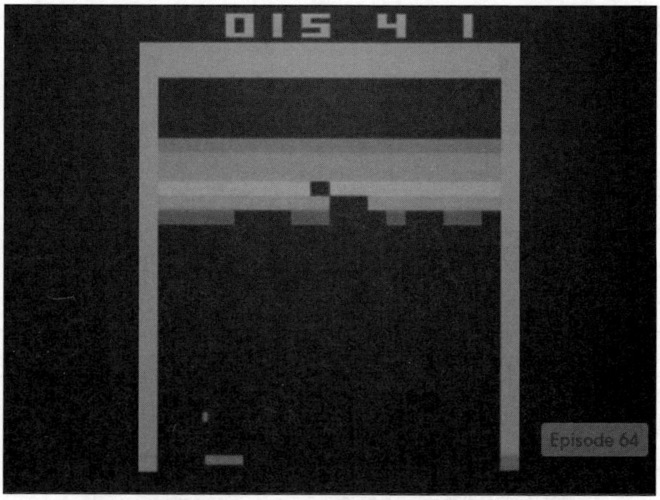


• MuJoCo，一个用于在连续控制任务中评估智能体性能的物理模拟器：

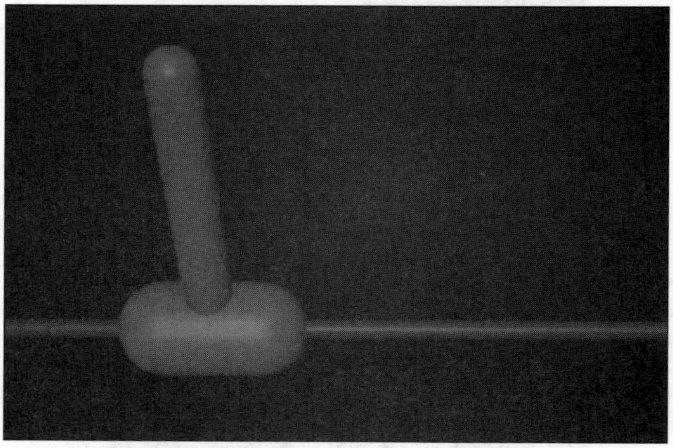

• 其他著名的游戏，如 Minecraft、Soccer、Doom 等：

现在，安装 Gym 以及 Atari 2600 环境：

```
pip install gym
pip install gym[atari]
```

另外，可能还需要安装所需的全部环境：

```
pip install gym[all]
```

利用 env.step() 方法可以非常简单地与 Gym 环境进行交互，给定智能体选择的行为，返回新的状态和奖励，并判断游戏是否终止。

例如，选择一个随机行为：

```
import gym
env = gym.make('CartPole-v0')
env.reset()

for _ in range(1000):
    env.render()
    action = env.action_space.sample()
    next_state, reward, done, info = env.step(action)
    if done:
       env.reset()
```

Gym 还提供了复杂的监控方法来记录视频和算法性能。这些记录可上传到 Open-AI API，与其他算法一起进行评分。

另外，还可以观察到：

• 3D 赛车模拟器 Torcs (http://torcs.sourceforge.net/)，通过较小的离散化行为使得场景更具真实感，同时比简单的 Atari 游戏奖励更少，另外，也比 MuJoCo 中的连续电动机控制所需的行为更少：

• 称为 Labyrinth 的随机产生迷宫的 3D 环境：

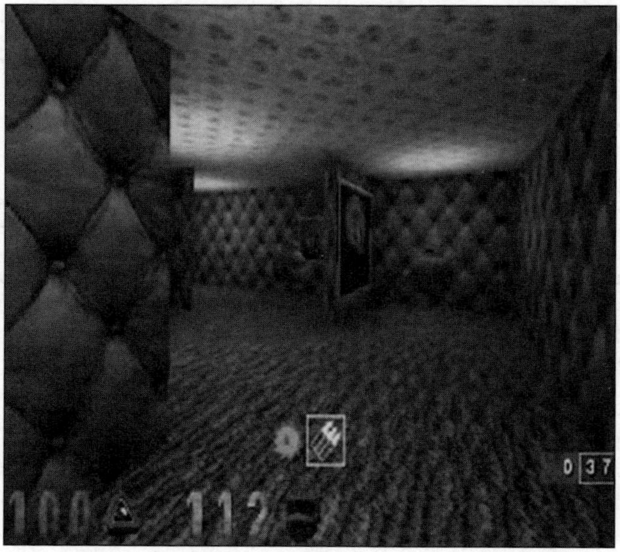


## 11.3 *Q* 学习

求解博弈问题的一种主要方法是 *Q* 学习方法。为充分理解该方法，通过一个简单示例来阐述一种共有 6 个环境状态，其中状态 0 为入口，状态 5 为出口的简单情况。在每个阶段，一些行为可使之跳转到另一个状态，如下图所示：

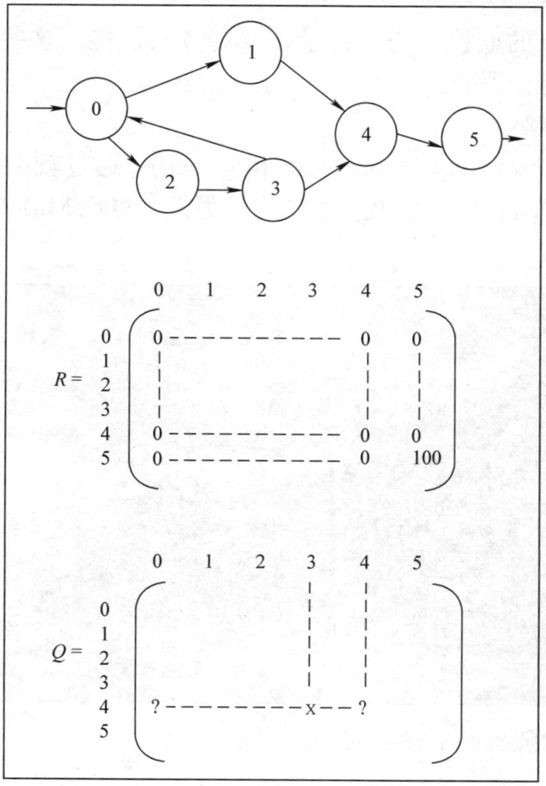

设智能体从状态 4 转移到状态 5 的奖励为 100。由于该示例中游戏的目标是找到出口，所以在其他状态下没有任何奖励。奖励是具有延迟的，智能体必须通过从状态 0 到状态 4 的多个状态转移才能找到出口：

在本例中，$Q$ 学习方法主要是学习一个表征**状态—行为对的值**的矩阵 $Q$：

- $Q$ 矩阵中的每一行对应智能体所处的状态；
- $Q$ 矩阵中的每一列对应从当前状态开始的目标状态。

根据表征在当前状态下选择行为的程度的值可使得智能体逐渐地接近出口。若没有行为使之从状态 $i$ 转移到状态 $j$，则定义 $Q$ 矩阵中位置（$i, j$）处的元素值为 0 或负值。若有一个或多个行为可使之从状态 $i$ 转移到状态 $j$，则 $Q$ 矩阵中的相应值表征状态 $j$ 可实现目标的程度。

例如，从状态 3 转移到状态 0 将会导致智能体远离出口，而从状态 3 转移到状态 4 则会使之更接近目标。一个称为贪婪算法的常用方法是在离散空间中估计 $Q$ 矩阵，该算法主要是基于递归贝尔曼方程，且已证明其满足收敛性：

$$Q(S,a)=r+\gamma\max_{a'}Q(S',a')$$

式中，$S'$ 表示在状态 $S$ 执行行为 $a$ 后所位于的新状态；$r$ 定义了从状态 $S$ 到状态 $S'$ 的奖励（在本例中，$r$ 为空）；$\gamma$ 为阻止行为使得智能体到达图中远离目标的状态的折扣因数。

对此执行该方程将会产生以下 $Q$ 值：

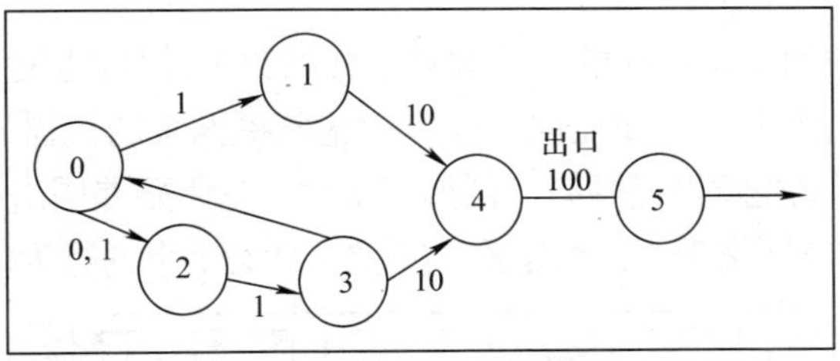


在 $Q$ 学习中，$Q$ 表示可得到最佳奖励的行为的质量。由于最终的奖励是打折扣的，因此这些值是对应于每个（状态、行为）对所得到的**最大折扣未来奖励**。

注意，一旦已知搜索子树中输出节点的**状态值**，则无需整个图的输出结果：

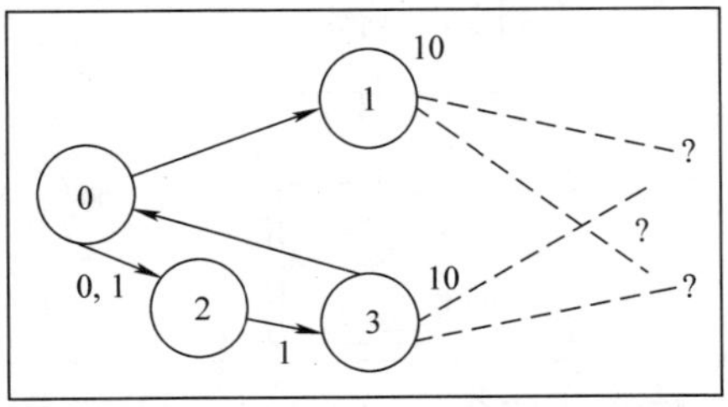


上图中，节点 1 和节点 3 上的 10 是指**最佳状态值函数 $v(s)$**，即最佳执行 / 最优路径下博弈游戏所得到的最终结果。在实际中，准确的值函数未知，但可以得到近似值。

在 DeepMind 算法 AlphaGo 中这种近似算法与**蒙特卡洛树搜索**（MCTS）相结合，在 Go 比赛中击败了世界冠军。MCTS 方法主要是在某一给定策略下选择行为，以采用当前节点的最可能行为来估计贝尔曼方程中的其余 $Q$ 值：

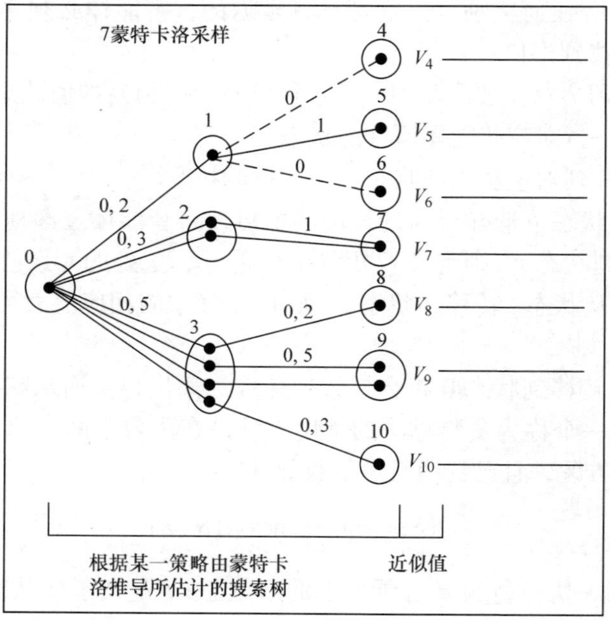


## 11.4 深度 $Q$ 学习网络

尽管可能行为的个数通常是有限的（按键数或移动数），但可能发生的状态数量是非常庞大的，因此会导致搜索空间巨大，例如在现实环境中配备摄像头的机器人或具有真实感的电子游戏。自然会想到利用计算机视觉神经网络，例如第 7 章　基于残差网络的图像分类中用于分类的神经网络，这时是用该神经网络来表征给定输入图像（状态）下的行为值，而不是一个矩阵：

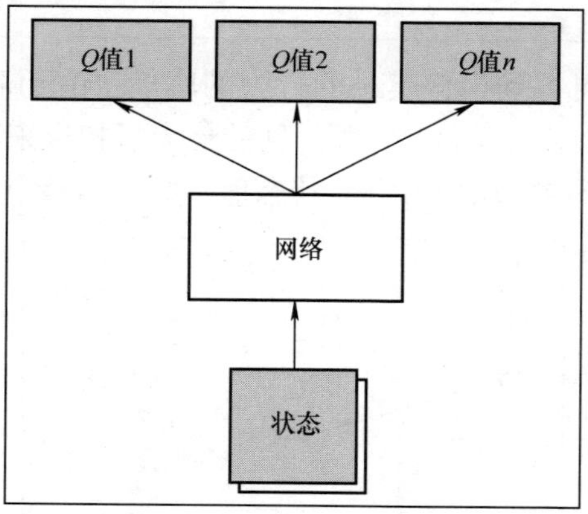


$Q$ 学习网络也称为**状态 - 行为值网络**，可预测给定状态下的行为值。为训练 $Q$ 学习网络，一种简单方法是通过梯度下降使之满足贝尔曼方程：

$$\mathcal{L}=\left(r+\gamma\max_{a'}Q_\theta\left(S',a'\right)-Q_\theta\left(S,a\right)\right)^2/2$$

注意，$\max\limits_{a'} Q_\theta(S', a')$ 是估计值且固定不变，而对于 $Q_\theta(S, a)$ 的导数是进行梯度计算，每个状态的值可估计为所有状态 - 行为的最大值。

在以随机权重初始化 $Q$ 学习网络后，初始预测是随机的，但随着网络的收敛，特定状态下的行为将变得越来越可预测，因此新状态逐渐明确。开发一个在线训练模型需要算法**不断继续搜索**：**$\varepsilon$ 贪婪算法**是以概率 $\varepsilon$ 执行随机行为，否则按照由 $Q$ 学习网络给定的最大奖励行为。这是一种反复尝试的学习。经过一定次数的周期后，搜索空间会不断衰减。

## 11.5 训练稳定性

在训练过程中，可以采用不同的方法来改进训练稳定性。**在线训练**，即在博弈过程中训练模型，不考虑之前的经验，而只考虑最后一次，这在深度神经网络中是不稳定的根本所在：时间相近的状态通常非常相似或相互关联，如最新的状态，且在训练过程中采用最新的状态并不能很好地收敛。

为避免出现上述问题，一种解决方法是将已有的经验保存在**回放内存**中或采用人类博弈的数据库。从回放内存或人类博弈数据库中分批和完全随机采样会得到更稳定的训练，但这是**非策略**训练。

提高稳定性的第二种解决方案是在上千次的 $Q_\theta(S,a)$ 更新中保持**目标评价** $\max\limits_{a'} Q_\theta(S',a')$ 中参数 $\theta$ 的值不变，从而减少目标与 $Q$ 值之间的相关性：

$$\mathcal{L}=\left(r+\gamma\max_{a'}Q_{\theta^-}\left(S',a'\right)-Q_\theta\left(S,a\right)\right)^2/2$$

可以采用 $n$ 步 $Q$ 学习方法来提高训练效率，即将奖励在之前的 $n$ 个行为上传播而不仅是 1 个行为：

$Q$ 学习公式：

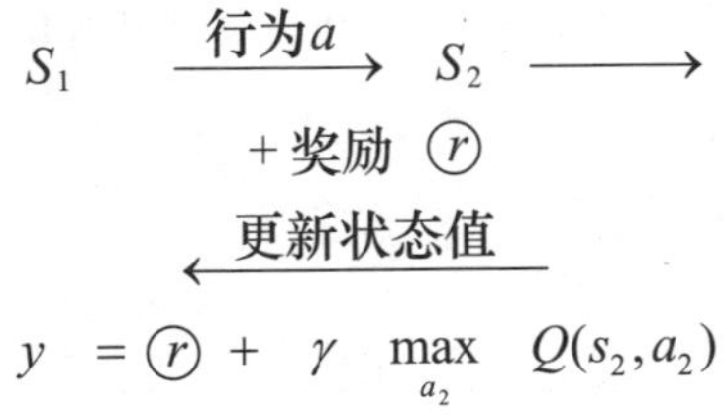


$n$ 步 $Q$ 学习公式：

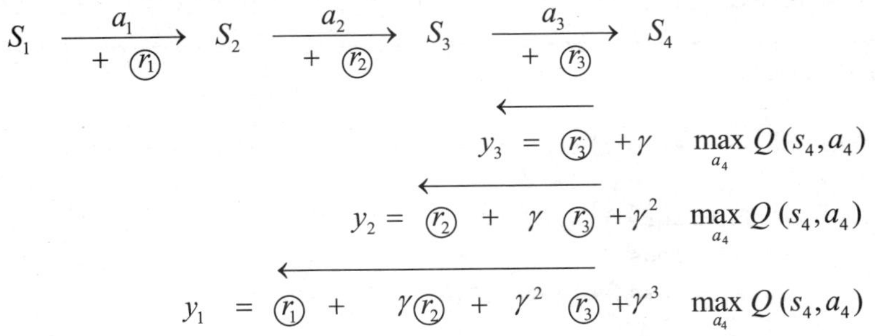

其中，每一步都会受益于 $n$ 个下次奖励：

$$y_i = \sum_{k=0}^{n-1} \gamma^k r_{i+k} + \gamma^n \max_a Q(s_{i+n}, a)$$

一种关于训练稳定性和训练效率的最终解决方案是多智能体在多个环境实例中以不同探索策略并行执行**异步梯度下降**，从而使得各个梯度更新都不相关：每个学习智能体在同一台机器的不同线程上运行，并与其他智能体共享模型和目标模型参数，但只计算环境中不同部分的梯度。并行角色学习者具有稳定效果、可增强策略、减少训练时间以及在 GPU 和多核 CPU 上进行性能比较的特点，这是非常重要的！

稳定性会产生更好的**数据效率**：数据效率是由收敛到期望训练损失或精度所需的周期次数（一个周期是提供给算法整个训练数据集的时刻）来测量的。总的训练时间受数据效率、并行性（线程或机器的个数）和并行开销（在给定核、机器和算法配置效率的条件下，与线程个数呈次线性关系）的影响。

接下来，在实际中进行分析。为实现多个智能体搜索环境的不同部分，利用 Python 多处理模块运行多个进程，一个进程用于模块更新（GPU），而 $n$ 个进程用于智能体搜索（CPU）。多处理模块的管理对象控制着一个持有 $Q$ 学习网络权重的服务器进程，以实现进程之间共享。通过进程安全队列来实现保存智能体经验的通信通道，并用于模型更新。

```
from multiprocessing import *
manager = Manager()
weight_dict = manager.dict()
mem_queue = manager.Queue(args.queue_size)

pool = Pool(args.processes + 1, init_worker)

for i in range(args.processes):
    pool.apply_async(generate_experience_proc, (mem_queue, weight_dict, i))

pool.apply_async(learn_proc, (mem_queue, weight_dict))

pool.close()
pool.join()
```

现在，开始产生经验，并将其列入普通队列对象中。

为此，每个智能体创建各自的环境，编译 $Q$ 学习网络并从管理器中加载权重：

```
env = gym.make(args.game)

load_net = build_networks(observation_shape, env.action_space.n)

load_net.compile(optimizer='rmsprop',
                 loss='mse',
                 loss_weights=[0.5, 1.])
```

```
while 'weights' not in weight_dict:
    time.sleep(0.1)
load_net.set_weights(weight_dict['weights'])
```

为产生一次经验，智能体选择一个行为，并在当前环境中执行：

```
observation, reward, done, _ = env.step(action)
```

智能体获得的每次经验都以列表形式保存，直到游戏结束或列表长度大于 n_step，并根据 $n$ 步 $Q$ 学习方法来评估状态—行为值：

```
if done or counter >= args.n_step:
    r = 0.
    if not done:
        r = value_net.predict(observations[None, ...])[0]
    for i in range(counter):
        r = n_step_rewards[i] + discount * r
        mem_queue.put((n_step_observations[i], n_step_actions[i], r))
```

每隔一段时间，智能体从学习过程中更新其权重：

```
load_net.set_weights(weight_dict['weights'])
```

接下来，讨论在学习智能体中如何更新权重。

## 11.6 基于 REINFORCE 算法的策略梯度

**策略梯度（PG）**/REINFORCE 算法的思想非常简单：是在强化学习任务中重复使用分类损失函数。

记住，分类损失是由负对数似然函数给出，并利用按照对负对数似然函数相对于网络权重求导的梯度下降法来使之最小化：

$$\frac{\partial}{\partial\theta}\left(\ln g\left(y\right)\right)$$

式中，$y$ 为所选择行为；$g(y)$ 为给定输入 $X$ 和权重 $\theta$ 下该行为的预测概率。

REINFORCE 原理等效于强化学习。其中，$r$ 为奖励。下列求导：

$$\left(r-b\right)\frac{\partial \ln g\left(y\right)}{\partial\theta}$$

表示关于网络权重的期望奖励求导的无偏估计：

$$\frac{\partial E\left(r\,|\,\theta\right)}{\partial\theta}$$

因此，求导结果将会使得智能体实现奖励最大化。

这种梯度下降法可用于优化智能体的**策略网络**：策略 $p(a|s)$ 是指有效行为的一个概率分布，以选择在线训练过程中所执行的行为，也可用参数化的神经网络来近似。

这在连续情况下尤其有用，例如电动机控制，在这种情况下，行为空间的离散化可能会导致一些次优结果，且在无限行为空间下不可能达到行为—值网络 $Q$ 的最大化。

此外，利用复发（LSTM，GRU）有可能会增强策略网络，以便智能体根据之前的多个状态来选择其行为。

REINFORCE 原理提供了一种梯度下降方法来优化参数化的策略网络。为了便于在基于策略的情况下应用，还可以在损失函数中增加一个正则项——策略的熵。

在这种策略下，可计算每个状态的值 $V^\pi(s)$：

- 根据策略从该状态开始进行博弈；
- 或者，如果通过梯度下降将其变为一个参数化**状态值网络**，则当前参数作为目标，正如上节中所述的具有折扣奖励的状态—行为值网络：

$$V^\pi(s) = r + \gamma V^\pi(s')$$

通常，选择该值作为强化基线 $b$ 来减小策略梯度的估计方差，同时 $Q$ 值可作为期望奖励：

$$R = Q(s,a) = r + \gamma V^\pi(s')$$

REINFORCE 导数中的第一项：

$$R - b = Q(s,a) - V^\pi(s) = A(a,s)$$

称为**状态 *s* 下行为 *a* 的奖励**。

不管是对于策略网络还是状态值网络，梯度下降法都可以在并行角色学习者中异步执行。

现在，在 Keras 下创建策略网络和状态值网络，并共用其第一层：

```
from keras.models import Model
from keras.layers import Input, Conv2D, Flatten, Dense

def build_networks(input_shape, output_shape):
    state = Input(shape=input_shape)
      h = Conv2D(16, (8, 8) , strides=(4, 4), activation='relu', data_
format="channels_first")(state)
      h = Conv2D(32, (4, 4) , strides=(2, 2), activation='relu', data_
format="channels_first")(h)
    h = Flatten()(h)
    h = Dense(256, activation='relu')(h)

    value = Dense(1, activation='linear', name='value')(h)
    policy = Dense(output_shape, activation='softmax', name='policy')(h)

    value_network = Model(inputs=state, outputs=value)
    policy_network = Model(inputs=state, outputs=policy)
```

```
    train_network = Model(inputs=state, outputs=[value, policy])

    return value_network, policy_network, train_network
```

学习过程也同时建立了模型，与其他进程共用权重，并根据相应的损失进行训练编译：

```
_, _, train_network = build_networks(observation_shape, env.action_space.n)
weight_dict['weights'] = train_net.get_weights()

from keras import backend as K

def policy_loss(advantage=0., beta=0.01):
    def loss(y_true, y_pred):
            return -K.sum(K.log(K.sum(y_true * y_pred, axis=-1) + \
                K.epsilon()) * K.flatten(advantage)) + \
                beta * K.sum(y_pred * K.log(y_pred + K.epsilon()))
    return loss

def value_loss():
    def loss(y_true, y_pred):
        return 0.5 * K.sum(K.square(y_true - y_pred))
    return loss

train_net.compile(optimizer=RMSprop(epsilon=0.1, rho=0.99),
            loss=[value_loss(), policy_loss(advantage, args.beta)])
```

策略损失是 REINFORCE 损失加上熵损失，以增强探索能力。而值损失是简单的均方误差损失。

按经验排列成一组，该学习过程以批处理模式训练模型，并更新权重字典：

```
loss = train_net.train_on_batch([last_obs, advantage], [rewards,targets])
```

运行所有代码：

```
pip install -r requirements.txt

python 1-train.py --game=Breakout-v0 --processes=16
python 2-play.py --game=Breakout-v0 --model=model-
Breakout-v0-35750000.h5
```

学习过程将持续大约 24h。

基于策略的行为评价通常优于基于值的方法。

## 11.7 延伸阅读

有关本章的更多相关内容，可参阅下列文献：

• Simple Statistical Gradient-Following Algorithms for Connectionist Reinforcement Learning, Ronald J. Williams, 1992

• Policy Gradient Methods for Reinforcement Learning with Function Approximation, Richard S. Sutton, David McAllester, Satinder Singh, Yishay Mansour, 1999

• Playing Atari with Deep Reinforcement Learning, Volodymyr Mnih, Koray Kavukcuoglu, David Silver, Alex Graves, Ioannis Antonoglou, Daan Wierstra, Martin Riedmiller, 2013

• Mastering the Game of Go with Deep Neural Networks and Tree Search, David Silver, Aja Huang, Chris J. Maddison, Arthur Guez, Laurent Sifre, George van den Driessche, Julian Schrittwieser, Ioannis Antonoglou, Veda Panneershelvam, Marc Lanctot, Sander Dieleman, Dominik Grewe, John Nham, Nal Kalchbrenner, Ilya Sutskever, Timothy Lillicrap, Madeleine Leach, Koray Kavukcuoglu, Thore Graepel & Demis Hassabis, 2016

• Asynchronous Methods for Deep Reinforcement Learning, Volodymyr Mnih, Adrià Puigdomènech Badia, Mehdi Mirza, Alex Graves, Tim Harley, Timothy P. LilliCrap, David Silver, Koray Kavukcuoglu, Feb 2016

• Deep Reinforcement Learning Radio Control and Signal Detection with KeRLym, a Gym RL Agent Timothy J. O’Shea and T. Charles Clancy, 2016

## 11.8 小结

强化学习的任务是优化智能体使之不断获得奖励。现已利用深度神经网络提出了在各种博弈和仿真环境下的在线、离线、基于值的或基于策略的算法。

策略梯度方法是一种暴力求解方法，需要在训练过程中进行行为采样。尽管该方法只能在连续搜索空间中提供一个解，但更适用于较小的行为空间。

策略梯度方法还可用于训练神经网络中不可微的随机层，并进行反向传播梯度计算。例如，在模型中传播需要采样且之后是一个参数化子模型时，从顶层进行梯度计算可看作底层网络的奖励。

在更复杂的环境中，若没有明显的奖励（如根据环境中存在的对象理解和推断可能行为），则推理有助于人类优化其行为，目前的研究尚未给出任何解决方案。当前的强化学习算法特别适用于精确执行和快速反应，但不适合于长期规划和推理。另外，强化学习算法还需要仿真环境易于提供的大量数据集。但这也引出了现实世界中的尺度问题。

在第 12 章中，将讨论从真实数据生成难以区分的新数据的最新解决方案。

# 第 12 章 基于非监督式网络的特征学习

本章着重于一种新型的模型——生成模型，其中包括**受限玻耳兹曼机**、**深度信念网络**、**变分自编码器**、**自回归模型**和**生成性对抗**网络。对于第一种网络，主要是理论介绍，而对于最后一种网络，包括实际代码和详细注释。

这些网络都无需训练任何标签，称为非监督式学习。非监督式学习有助于从数据中计算特征，而无需标签偏差。这些模型的生成从某种意义上来讲是通过训练来生成更真实的新数据。

本章主要包括以下内容：

- 生成模型；
- 非监督式学习；
- 受限玻耳兹曼机；
- 深度信念网络；
- 生成性对抗模型；
- 半监督式学习。

## 12.1 生成模型

在神经元处理过程中，生成模型是一种在给定噪声向量 $z$ 作为输入的情况下生成数据的模型：

$$x \leftarrow G\left(z, \theta^{G}\right)$$

训练的目的是寻找合适参数，以生成尽可能接近真实性的数据。

生成网络的应用包括数据降维、合成数据生成、非监督式特征学习和预训练 / 训练效率。预训练有助于归纳总结，这是由于预训练着重于数据中的模式，而不是数据标签之间的关系。

### 12.1.1 受限玻耳兹曼机

受限玻耳兹曼机是一种最简单的生成网络，主要由一个完全连接的隐层组成，如图所示：

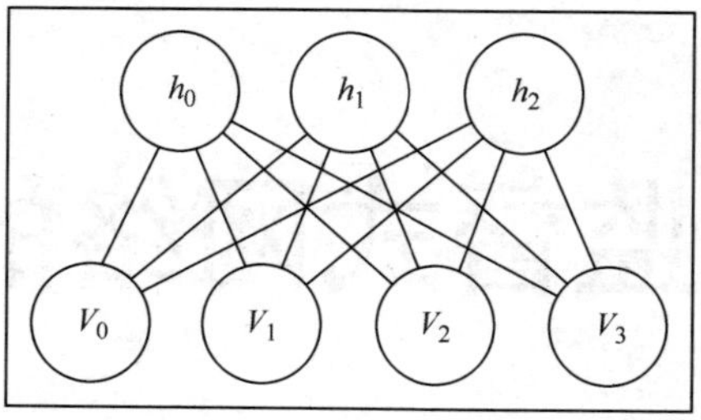


完整玻耳兹曼机是隐层与隐层、可见层与可见层相连接的，而受限玻耳兹曼机并不需要。

一般情况下，受限玻耳兹曼机（RBM）是定义为基于能量的模型，这意味着是通过一个能量函数来定义概率分布的：

$$p(v)=\frac{e^{-E(v)}}{Z}=\sum_h p(v,h)=\sum_h \frac{e^{-E(v,h)}}{Z}$$

$$Z=\sum_x e^{-E(x)}=\sum_{x,y} e^{-E(x,y)}$$

其中，$Z$ 为**配分函数**，$E(v)$ 为**自由能**函数（与隐态无关）。

> 负对数似然函数最小化等价于能量函数最小化。

在 RBM 中，定义能量函数为模型参数的线性函数：

$$E(v,h)=-b\cdot v-c\cdot h-h\cdot W\cdot v$$

$$E(v,h)=-\sum_i b_i v_i-\sum_i c_i h_i-\sum_{i,j} h_i W_{i,j} v_j$$

能量和自由能之间的关系为

$$E(v)=-\log Zp(v)=-\log\sum_h Zp(v,h)$$

$$E(v)=-\log\sum_h e^{-E(v,h)}$$

在 RBM 中，上述关系可表示为

$$E(v)=-b\cdot v-\sum_i \log\sum_{h_i} e^{h_i(c_i+W_{i,\cdot}\cdot v)}$$

式中，$\sum_{h_i}$ 表示第 $i$ 个隐神经元的所有可能值之和。

RBM 通常是考虑 $v$ 和 $h$ 为 $\{0,1\}$ 二值的特定情况，因此：

$$P(v_j=1|h)=\sigma(b_j+h\cdot W_{\cdot,j})$$

该模型是遵循模型中的对称性而对称的：能量函数中隐含变量和可见变量位于同一位置：

$$P(h_i=1|v)=\sigma(c_i+W_{i,\cdot}\cdot v)$$

RBM 作为一个简单的双向随机全连接层（从输入层到隐层和从隐层到输入层）。

RBM 中负对数似然函数的梯度或导数包括**正、负两项**：其中第一项表明数据概率增大；而第二项则是指生成样本的概率减小：

$$-\frac{\partial \log p(v)}{\partial \theta}=\frac{\partial E(v)}{\partial \theta}-\sum_{\bar{v}} p(\bar{v})\frac{\partial E(\bar{v})}{\partial \theta}$$

式中，$\sum_{\bar{v}} p(\bar{v})$ 是指所有可能输入 $\bar{v}$ 的加权概率（期望）之和。在极小值处，数据样本中自由能的增大将会使得总数据的期望值减小。

根据经验，负项之和可转换为 $N$ 个观测值（$v, h$）之和：

$$\frac{1}{N}\sum_{x}\frac{\partial E(x)}{\partial \theta}$$

为计算上述总和，观测样本（$v, h$）的概率必须满足上式所给定的 $p(v|h)$ 以及 $p(h|v)$。

在实际操作中，通过对比发散算法进行采样：$v$ 为来自数据集的采样值，而 $h$ 为在给定 $v$ 下由上述分布所得到的。重复该操作，直到产生一个给定 $h$ 下的新 $v$ 以及一个给定 $v$ 下的新 $h$。在实际情况下，这足以实现样本符合真实分布。这些 $v$ 和 $h$ 条件下的观测样本称为**负粒子**，成本函数中的第二项可减小这些生成样本的概率，而第一项则会增大数据的概率。

在此，在负粒子下配分函数的计算过程如下：

```
W = shared_glorot_uniform((n_visible, n_hidden), name='W')
hbias = shared_zeros(n_hidden, name='hbias')
vbias = shared_zeros(n_visible, name='vbias')
params = [W, hbias, vbias]

def sample_h_given_v(v0_sample):
    pre_sigmoid_h1 = T.dot(v0_sample, W) + hbias
    h1_mean = T.nnet.sigmoid(pre_sigmoid_h1)
     h1_sample = theano_rng.binomial(size=h1_mean.shape, n=1, p=h1_mean,
dtype=theano.config.floatX)
    return [pre_sigmoid_h1, h1_mean, h1_sample]

def sample_v_given_h(h0_sample):
    pre_sigmoid_v1 = T.dot(h0_sample, W.T) + vbias
    v1_mean = T.nnet.sigmoid(pre_sigmoid_v1)
     v1_sample = theano_rng.binomial(size=v1_mean.shape, n=1, p=v1_mean,
dtype=theano.config.floatX)
    return [pre_sigmoid_v1, v1_mean, v1_sample]

def gibbs_hvh(h0_sample):
    pre_sigmoid_v1, v1_mean, v1_sample = sample_v_given_h(h0_sample)
    pre_sigmoid_h1, h1_mean, h1_sample = sample_h_given_v(v1_sample)
    return [pre_sigmoid_v1, v1_mean, v1_sample,
            pre_sigmoid_h1, h1_mean, h1_sample]

chain_start = persistent_chain
```

```
    (
        [
            pre_sigmoid_nvs,
            nv_means,
            nv_samples,
            pre_sigmoid_nhs,
            nh_means,
            nh_samples
        ],
        updates
    ) = theano.scan(
        gibbs_hvh,
        outputs_info=[None, None, None, None, None, chain_start],
        n_steps=k,
        name="gibbs_hvh"
    )

    chain_end = nv_samples[-1]

    def free_energy(v_sample):
        wx_b = T.dot(v_sample, W) + hbias
        vbias_term = T.dot(v_sample, vbias)
        hidden_term = T.sum(T.log(1 + T.exp(wx_b)), axis=1)
        return -hidden_term - vbias_term

    cost = T.mean(free_energy(x)) - T.mean(free_energy(chain_end))
```

15 个周期后，在 MNIST 数据集上训练的滤波器如下图所示：

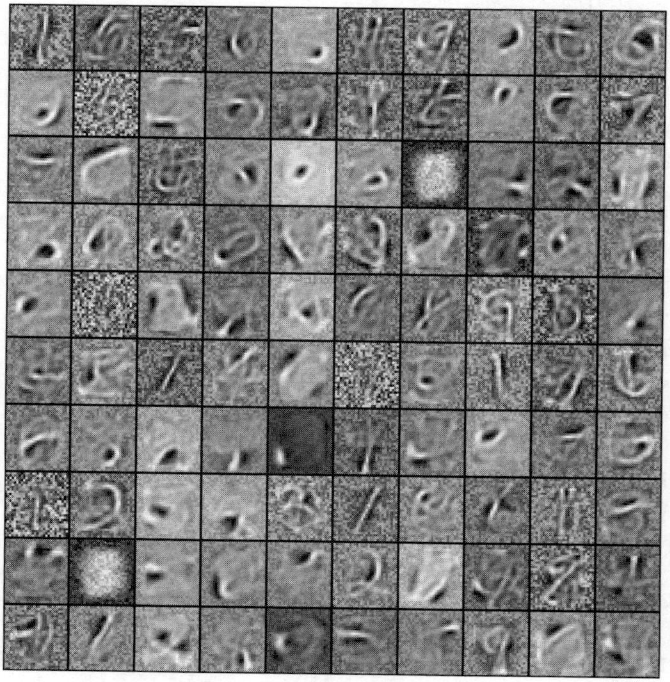

小批量负粒子（每行之间 1000 个采样步长）如下：

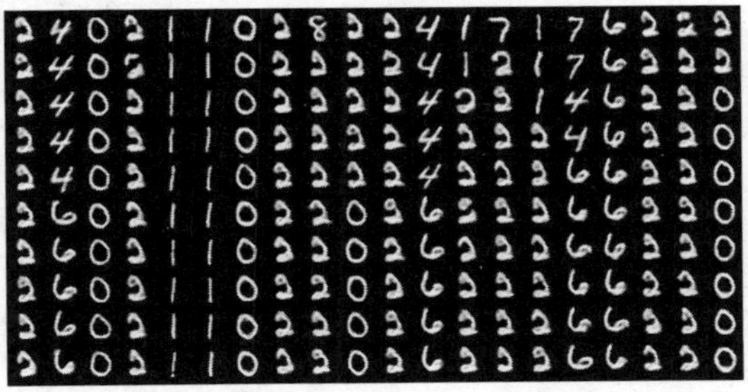

### 12.1.2 深度信念网络[㊀]

**深度信念网络（DBN）**是一种多 RBM 的网络，可提高表征能力以及数据的采集模式。

训练过程是逐层进行的，首先考虑只有一个 RBM 且隐态为 $h_1$ 的情况。一旦 RBM 的权重训练完成，这些权重即保存固定不变，且第一个 RBM 中的隐层 $h_1$ 为第二个 RBM 的可见层，且具有一个隐态 $h_2$。如图所示，每个新 RBM 将会采集到前一个 RBM 所未采集的模式：

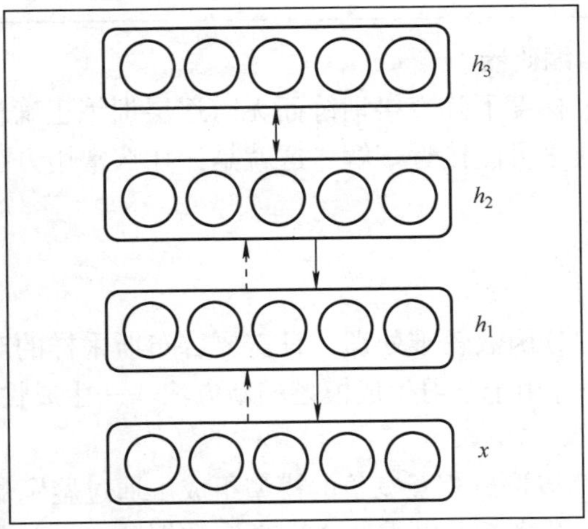


由图可知，每个新增的 RBM 都会减少负对数似然值。

在最后时刻，可在分类网络中使用这些权重，通过简单地在最后隐态上部增加一个线性层和一个 softmax 层，并通过梯度下降训练来调节所有权重。

对于数据降维的应用也是如此，所有层展开以生成一个解码网络，且权重等效于编码网络（初始多层 RBM）中的权重转置：

㊀ 此处原书有误，原书为“bets”，应为“nets”。——译者注

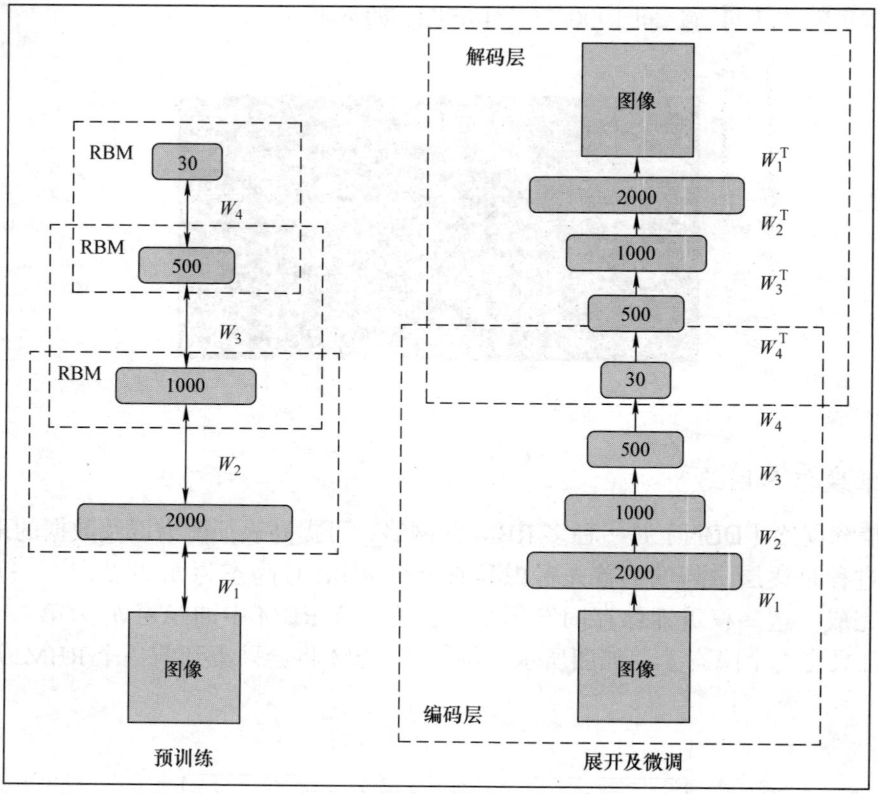


这种展开网络称为**自编码器**。

在实际过程中，通过梯度下降直接训练而无需逐层训练正确初始化，而这或许比较麻烦。由于权重初始化必须尽可能接近于解，这就是为什么常用方法是自编码器分别对每个 RBM 进行训练的原因。

### 12.1.3 生成性对抗网络

由于上述模型中的配分函数较难处理，且需要吉布斯采样的对比发散算法，因此在博弈理论方面最近提出了一种用于学习生成模型的新方法——**生成性对抗网络（GAN）**，现已取得巨大成功。

GAN 由两个交替训练以形成相互竞争的模型组成。通过鉴别器 *D* 难以从实际数据中区分的生成数据来优化生成网络 *G*，以重新产生真实数据分布。与此同时，对第二个网络 *D* 进行优化来区分实际数据，并合成由网络 *G* 产生的数据。总的来说，训练过程类似于目标函数如下的双玩家最小—最大博弈：

$$\min_{\theta_G} \max_{\theta_D} \mathbb{E}_{x \sim p_{\text{data}}} D_{\theta_D}(x) + \mathbb{E}_{x \sim p_z}(1 - D_{\theta_D}(G_{\theta_G}(z)))$$

式中，$x$ 为从真实数据分布中采样的实际数据；$z$ 为生成模型的噪声向量。

在某些方面，鉴别器和生成器可看作警察和小偷：为确保训练正确，警察训练程度需是小偷训练程度的两倍。

在此以图像数据为例来阐述 GAN。特此再次采用第 2 章 - 基于前馈神经网络的手写体数字分类中关于 MNIST 数字的示例，并考虑训练一个生成性对抗网络来生成满足所需数字条件的图像。

GAN 方法主要是利用第二个模型—判别网络—来训练生成模型，以区分真实和伪造的输入数据。在本例中，可简化 MNIST 图像分类模型为具有真实或伪造两类的鉴别器来预测输出，而且对所生成的数字进行标签标记。为了以标签表征网络，数字标签需与输入相关联：

```
def conv_cond_concat(x, y):
    return T.concatenate([x, y*T.ones((x.shape[0], y.shape[1], x.shape[2],
x.shape[3]))], axis=1)

def discrim(X, Y, w, w2, w3, wy):
    yb = Y.dimshuffle(0, 1, 'x', 'x')
    X = conv_cond_concat(X, yb)
    h = T.nnet.relu(dnn_conv(X, w, subsample=(2, 2), border_mode=(2, 2)), alpha=0.2
)
    h = conv_cond_concat(h, yb)
    h2 =  T.nnet.relu(batchnorm(dnn_conv(h, w2, subsample=(2, 2), border_mode=(2,
2))), alpha=0.2)
    h2 = T.flatten(h2, 2)
    h2 = T.concatenate([h2, Y], axis=1)
    h3 = T.nnet.relu(batchnorm(T.dot(h2, w3)))
    h3 = T.concatenate([h3, Y], axis=1)
    y = T.nnet.sigmoid(T.dot(h3, wy))
    return y
```

采用两个泄露指数为 0.2 的修正线性单元作为第一个两次卷积的激活函数。

为生成给定噪声和标签的图像，生成网络中包括对由 100 个 0~1 的实数组成的一个输入噪声向量 $z$ 进行多次反卷积操作：

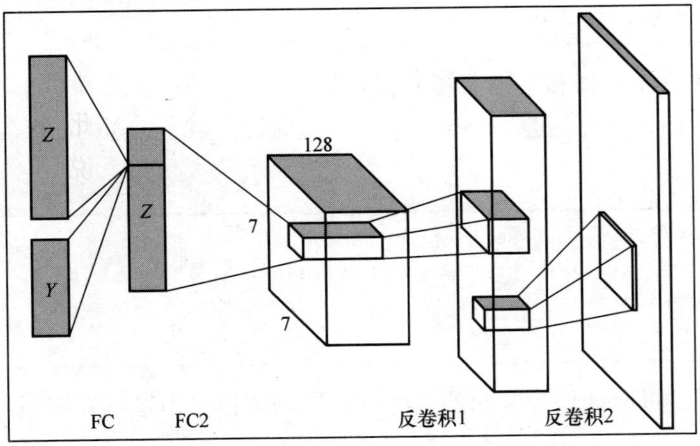

为了在 Theano 中实现反卷积，创建一个虚拟卷积前向传递，其中梯度运算用作反卷积操作：

```
def deconv(X, w, subsample=(1, 1), border_mode=(0, 0), conv_mode='conv'):
    img = gpu_contiguous(T.cast(X, 'float32'))
    kerns = gpu_contiguous(T.cast(w, 'float32'))
    desc = GpuDnnConvDesc(border_mode=border_mode, subsample=subsample,
conv_mode=conv_mode)(gpu_alloc_empty(img.shape[0], kerns.shape[1], img.
shape[2]*subsample[0], img.shape[3]*subsample[1]).shape, kerns.shape)
    out = gpu_alloc_empty(img.shape[0], kerns.shape[1], img.shape[2]*subsample[0],
img.shape[3]*subsample[1])
    d_img = GpuDnnConvGradI()(kerns, img, out, desc)
    return d_img
def gen(Z, Y, w, w2, w3, wx):
    yb = Y.dimshuffle(0, 1, 'x', 'x')
    Z = T.concatenate([Z, Y], axis=1)
    h = T.nnet.relu(batchnorm(T.dot(Z, w)))
    h = T.concatenate([h, Y], axis=1)
    h2 = T.nnet.relu(batchnorm(T.dot(h, w2)))
    h2 = h2.reshape((h2.shape[0], ngf*2, 7, 7))
    h2 = conv_cond_concat(h2, yb)
    h3 = T.nnet.relu(batchnorm(deconv(h2, w3, subsample=(2, 2), border_mode=(2, 2))))
    h3 = conv_cond_concat(h3, yb)
    x = T.nnet.sigmoid(deconv(h3, wx, subsample=(2, 2), border_mode=(2, 2)))
    return x
```

实际数据由二元组（$X$，$Y$）表示，而生成数据来自于噪声和标签（$Z$，$Y$）：

```
X = T.tensor4()
Z = T.matrix()
Y = T.matrix()

gX = gen(Z, Y, *gen_params)
p_real = discrim(X, Y, *discrim_params)
p_gen = discrim(gX, Y, *discrim_params)
```

在对抗学习中，生成器和鉴别器模型相互竞争：

- 训练鉴别器标记实际数据为 real(1)，生成数据为 generated(0)，因此最小化下列成本函数：

```
d_cost = T.nnet.binary_crossentropy(p_real,
                    T.ones(p_real.shape)).mean() \
    + T.nnet.binary_crossentropy(p_gen, T.zeros(p_gen.shape)).
mean()
```

- 训练生成器尽可能地误导鉴别器。生成器的训练信号由鉴别器网络（p_gen）提供：

```
g_cost = T.nnet.binary_crossentropy(p_gen,T.ones(p_gen.shape)).
mean()
```

按照惯例，计算每个模型相对于参数的成本，并用两倍于鉴别器的时间来交替训练优化每个模型的权重。在 GAN 的情况下，鉴别器和生成器之间的竞争不会减少任何损失。

从第一个周期开始：

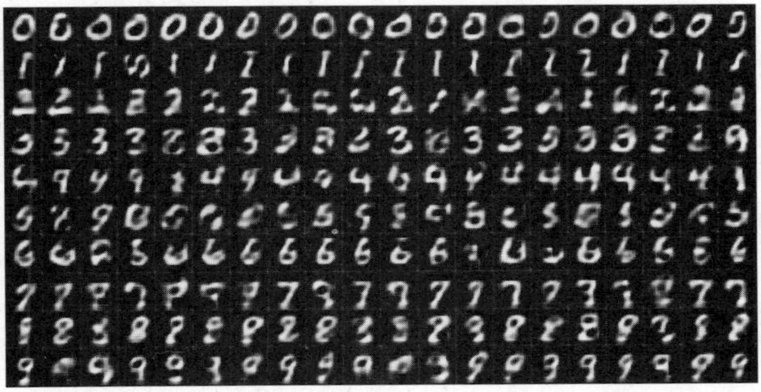

直到第 45 个周期：

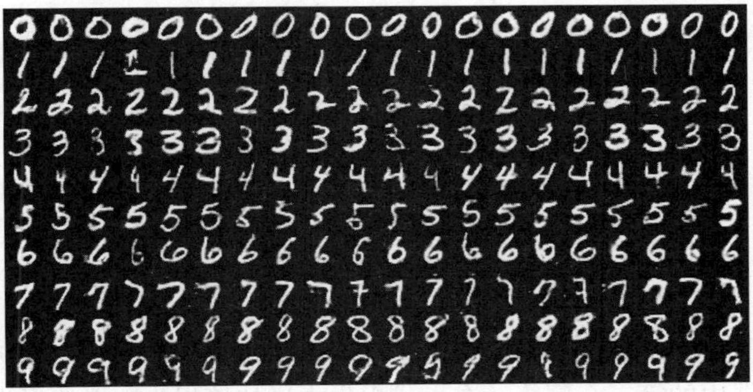

这时产生的样本数据非常接近于实际数据：

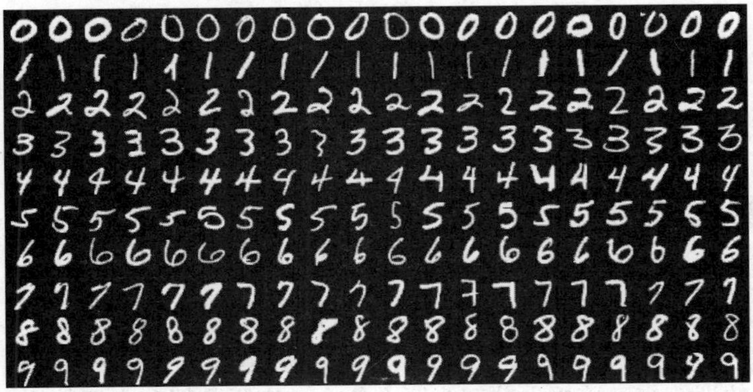

### 12.1.4 改进 GAN

尽管 GAN 是最新提出的且具有广阔应用前景，但目前仍在进行不断地深入研究。现已有一些方法可改进之前的结果。

首先，对于 RBM 和其他网络，可叠加 GAN 以提高其生成能力。作为示例，StackGan 模型中采用两个堆叠的 GAN 来生成高质量的图像：第一个 GAN 生成低分辨率的粗糙图像；而第二个 GAN 利用所生成的样本作为输入来产生更高分辨率的真实感图像，其中目标物体的细节更加精细。

GAN 的一个主要问题是**模型崩溃**，这会使得模型难以训练。当生成器忽略输入噪声并总是产生一个样本时，就表明发生了模型崩溃，这样就失去了生成结果的多样性。对于该问题的一种有效方法是采用 S-GAN 模型，增加第三个网络来训练生成器。该网络的目的是预测给定输入的噪声：

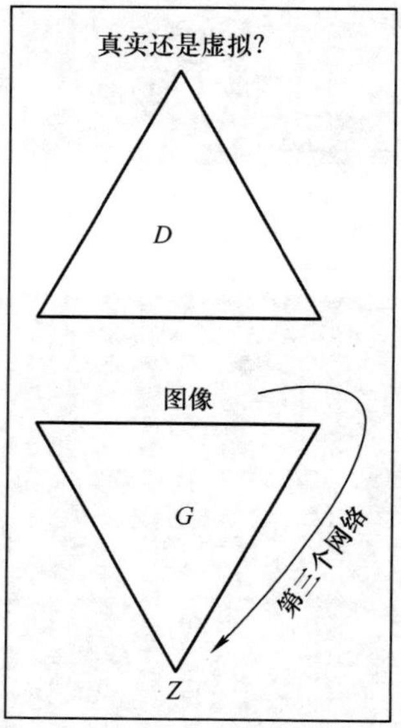


为优化生成器中的第三个网络，在生成损失中增加熵损失，以使得生成图像 $x$ 充分依赖于噪声 $z$。也就是说，条件熵 $H(x|z)$ 尽可能小：

$$\mathop{\mathbb{E}}_{z \sim p_z} \mathop{\mathbb{E}}_{x \sim G(z)} -\log Q(z|x)$$

第三个网络可预测辅助分布 $Q$ 来近似真实的后验概率 $P(z|x)$，并可证明对于 $H(x|z)$ 具有较高的变分边界。该损失函数有利于生成器不轻易忽略输入噪声。

## 12.2 半监督式学习

最后需强调的是，这种生成性对抗网络可用于加强监督式学习。

假设目标是对 $K$ 类进行分类，其中已有大量标记数据。可以在数据集中增加一些生成样本，这些样本来自于生成模型，并将其看作属于第（$K$+1）类，一个虚拟数据类。

将新分类器的训练交叉熵损失分解为两个集合（实际数据和虚拟数据），可得下式：

$$
\begin{aligned}
L &= -\mathbb{E}_{x,y} \log p_{\text{model}}(y|x) \\
&= -\mathbb{E}_{x,y\sim p_{\text{data}}} \log p_{\text{model}}(y|x) \\
&\quad - \mathbb{E}_{x\sim G} \log p_{\text{model}}(y=K+1|x)
\end{aligned}
$$

式中，$p_{\text{model}}$ 为模型预测的概率：

$$
p_{\text{model}}(y=j|x) = \frac{e^{o_j}}{\sum_k^{K+1} e^{o_k}}
$$

若已知数据为真：

$$
p(y|x,y<K+1) = \frac{p_{\text{model}}(y|x)}{p_{\text{model}}(y<K+1|x)}
$$

对实际数据（$K$ 类）进行训练可产生损失：

$$
L_{\text{supervised}} = -\mathbb{E}_{x,y} \log p_{\text{model}}(y|x, y<K+1)
$$

因此，全局分类器的损失可表示为

$$
\begin{aligned}
L = L_{\text{supervised}} &- \mathbb{E}_{x,y\sim p_{\text{data}}} \log(1 - p_{\text{model}}(y=K+1|x)) \\
&- \mathbb{E}_{x\sim G} \log p_{\text{model}}(y=K+1|x)
\end{aligned}
$$

其中，损失函数中的第二项对应于 GAN 的标准非监督损失：

$$
\begin{aligned}
L_{\text{unsupervised}} &= -\mathbb{E}_{x,y\sim p_{\text{data}}} \log D(x) \\
&\quad - \mathbb{E}_{z\sim \text{noise}} \log(1 - D(G(z)))
\end{aligned}
$$

尽管尚不明确监督损失和非监督损失之间的相互作用，但在分类非常重要时，非监督损失非常关键。

## 12.3 延伸阅读

为更好地理解本章内容，可参阅下列文献：

- Deeplearning.net tutorial on RBM: http://deeplearning.net/tutorial/rbm.html
- Deeplearning.net tutorial on Deep Belief Nets: http://deeplearning.net/tutorial/DBN.html
- Deeplearning.net tutorial on generating with RBM-RNN: http://deeplearning.net/tutorial/rnnrbm.html
- Modeling Temporal Dependencies in High-Dimensional Sequences: Application to Polyphonic Music Generation and Transcription, Nicolas Boulanger-Lewandowski, Yoshua Bengio, Pascal Vincent, 2012
- Generative Adversarial Networks, Ian J. Goodfellow, Jean Pouget-Abadie, Mehdi Mirza, Bing Xu, David Warde-Farley, Sherjil Ozair, Aaron Courville, Yoshua Bengio, 2014

- Gans will change the world, Nikolai Yakovenko, 2016 https://medium.com/@Moscow25/
- Pixel Recurrent Neural Networks, Aaron van den Oord, Nal Kalchbrenner, Koray Kavukcuoglu, 2016
- InfoGAN: Interpretable Representation Learning by Information Maximizing Generative Adversarial Nets, Xi Chen, Yan Duan, Rein Houthooft, John Schulman, Ilya Sutskever, Pieter Abbeel, 2016
- StackGAN: Text to Photo-realistic Image Synthesis with Stacked Generative Adversarial Networks, Han Zhang, Tao Xu, Hongsheng Li, Shaoting Zhang, Xiaolei Huang, Xiaogang Wang, Dimitris Metaxas, 2016
- Stacked Generative Advanced Networks, Xun Huang, Yixuan Li, Omid Poursaeed, John Hopcroft, Serge Belongie, 2016
- Adversarial Learning for Neural Dialogue Generation, Jiwei Li, Will Monroe, Tianlin Shi, Sébastien Jean, Alan Ritter, Dan Jurafsky, 2017
- Improved Techniques for Training GANs, Tim Salimans, Ian Goodfellow, Wojciech Zaremba, Vicki Cheung, Alec Radford, Xi Chen, 2016
- Unsupervised Representation Learning with Deep Convolutional Generative Adversarial Networks, Alec Radford, Luke Metz, Soumith Chintala, 2015

## 12.4 小结

生成性对抗网络是目前深度学习领域的一个研究热点。RBM 和深度信念网络等都属于生成模型。

生成模型旨在生成更多的数据，或以非监督形式在监督学习或其他任务中学习更好的特征。

生成模型可在一定的环境输入条件下进行，并试图得到隐藏在实际数据中的隐变量。

这些最先进的模型完成了基于 Theano 的深度学习概述。第 13 章将着重介绍有关 Theano 的一些先进理念，以及深度学习的未来发展。

# 第 13 章 基于 Theano 的深度学习扩展

本章进一步介绍 Theano 和深度学习之间的关系。首先，介绍了如何在 CPU 或 GPU 中，以 Python 或 C 语言实现 Theano 计算图的新运算符。然后，在能够实现与其他技术相互转换的代码库和库函数的支持下，学习研究与其他深度学习框架之间的交互。

最后，为实现基于 Theano 的深度学习，提出一种**通用人工智能**领域的新概念。

本章主要包括以下内容：

- CPU 和 GPU 下的 Python 代码；
- CPU 和 GPU 下的 C 语言 API；
- 与其他深度学习框架的共享模型；
- 云 GPU；
- 元学习、渐进学习和指导学习；
- 通用人工智能。

本章给出了基于 Theano 的深度学习的一个完整概述。

## 13.1 CPU 中 Python 实现的 Theano 操作

作为一种数学编译引擎，Theano 的目的是在目标平台上以一种最优方式对计算图进行编译。在 CPU 或 GPU 上可在 Python 或 C 语言编译开发新的运算符。

首先，解决最简单的情况，即在 CPU 中 Python 的实现，这将使得能够快速且方便地添加新的操作。

为真正理解掌握，在此实现一个简单的仿射运算符，可在给定输入为 $x$ 下，进行仿射变换 $a*x+b$。

该运算符是由 theano.Op 通用类的一个派生类定义的：

```
import theano, numpy

class AXPBOp(theano.Op):
    """
    This creates an Op that takes x to a*x+b.
    """
    __props__ = ("a", "b")
```

```
    def __init__(self, a, b):
        self.a = a
        self.b = b
        super(AXPBOp, self).__init__()

    def make_node(self, x):
        x = theano.tensor.as_tensor_variable(x)
        return theano.Apply(self, [x], [x.type()])

    def perform(self, node, inputs, output_storage):
        x = inputs[0]
        z = output_storage[0]
        z[0] = self.a * x + self.b

    def infer_shape(self, node, i0_shapes):
        return i0_shapes
    def grad(self, inputs, output_grads):
        return [self.a * output_grads[0]]
mult4plus5op = AXPBOp(4,5)

x = theano.tensor.matrix()
y = mult4plus5op(x)
f = theano.function([x], y)

res = f(numpy.random.rand(3,2))
```

接下来，解释一下上述示例。

_props_ 属性是用于设置两个运算符相关的参数 *a* 和 *b*。将会自动产生 _eq_()、_hash_() 和 _str_() 方法，以使得在创建具有相同参数 *a* 和 *b* 的两个不同对象时，Theano 可将其看作等效运算符：

```
>>> mult4plus5op2 = AXPBOp(4,5)

>>> mult4plus5op == mult4plus5op2
True

>>> hash(mult4plus5op)
-292944955210390262

>>> hash(mult4plus5op2)
-292944955210390262
```

另外，在输出该语句时，会显示参数 *a* 和 *b*：

```
>>> theano.printing.pprint(y)
AXPBOp{a=4, b=5}.0

>>> theano.printing.pydotprint(y)
```

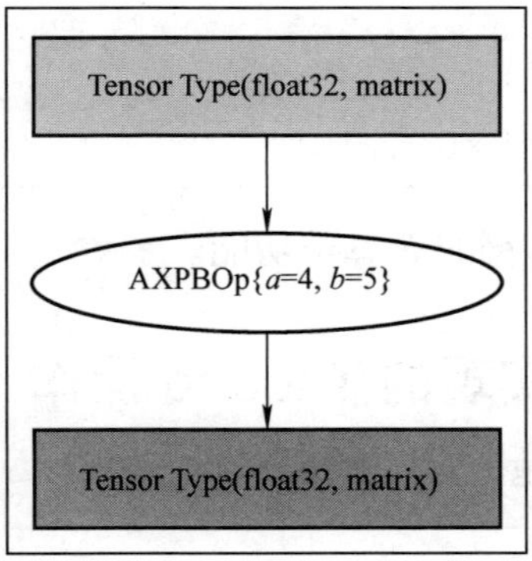


如果没有定义 _props_，则需要手动定义 _eq_()、_hash_() 和 _str_() 方法。

make_node() 方法是创建一个图中的节点，且当对输入 *x* 应用 mult4plus5op 对象时，该节点运行。通过 theano.Apply() 方法可执行节点创建，其中将输入变量和输出类型作为参数。为确保输入为变量，对输入调用 as_tensor_variable() 方法将任意 NumPy 数组转换为一个变量。正是在此处定义给定输入条件下的输出类型，并检查输入是否与运算符匹配，否则会产生类型错误。

注意，可以自动产生 make_node() 方法，类似于 _props_ 属性的 _eq_() 方法，但在本例中，还包括定义输入和输出类型的 itypes 和 otypes 属性：

```
itypes = [theano.tensor.dmatrix]
otypes = [theano.tensor.dmatrix]
```

perform() 方法定义了该运算符在 Python 下执行的计算。由于可以对返回多个输出的多个输入进行操作，输入和输出都以列表形式给定。两个输出可保存在 output_storage[1][0] 中。为复用内存，输出可利用上述值预先分配。这是一种好的 dtype 对象，但并不需要正确形式和步长。若非正确形式，最好对其重新分配。

最后两种方法 infer_shape() 和 grad() 是可选的。前者是在输出无需计算，而必须对执行计算提供必要的形状信息时使用，在 Theano 优化过程中会发生这种情况。后者是在输出需 grad() 方法下进行区分时使用：

```
>>> dy=theano.tensor.grad(y.sum(), x)

>>> theano.printing.pprint(dy)
'(TensorConstant{4} * fill(AXPBOp{a=4, b=5}(<TensorType(float32, matrix)>),
fill(Sum{acc_dtype=float64}(AXPBOp{a=4, b=5}(<TensorType(float32, matrix)>)),
TensorConstant{1.0})))'
>>> df = theano.function([x], dy)

>>> theano.printing.debugprint(df)
Alloc [id A] ''   2
```

```
|TensorConstant{(1, 1) of 4.0} [id B]
|Shape_i{0} [id C] ''   1
| |<TensorType(float32, matrix)> [id D]
|Shape_i{1} [id E] ''   0
  |<TensorType(float32, matrix)> [id D]
```

以同样方式，也可定义运算符的 *R* 算子功能。

## 13.2 GPU 中 Python 实现的 Theano 操作

现在观察一下 GPU 的 config 模式下如何在图中运行上述运算符：

```
>>> y = mult4plus5op(2 * x) + 4 * x

>>> f = theano.function([x], y)

>>> theano.printing.debugprint(f)
HostFromGpu(gpuarray) [id A] ''   6
 |GpuElemwise{Composite{(i0 + (i1 * i2))}}[(0, 0)]<gpuarray> [id B] ''   5
   |GpuFromHost<None> [id C] ''   4
   | |AXPBOp{a=4, b=5} [id D] ''   3
   |   |HostFromGpu(gpuarray) [id E] ''   2
   |     |GpuElemwise{mul,no_inplace} [id F] ''   1
   |       |GpuArrayConstant{[[ 2.]]} [id G]
   |       |GpuFromHost<None> [id H] ''   0
   |         |<TensorType(float32, matrix)> [id I]
   |GpuArrayConstant{[[ 4.]]} [id J]
   |GpuFromHost<None> [id H] ''   0
```

由于只在 Python 中定义了新运算符的 CPU 实现，并且在 GPU 上运行了完整的图，所以数据是在中间图中传送到 CPU，以应用于新的 CPU 运算符：

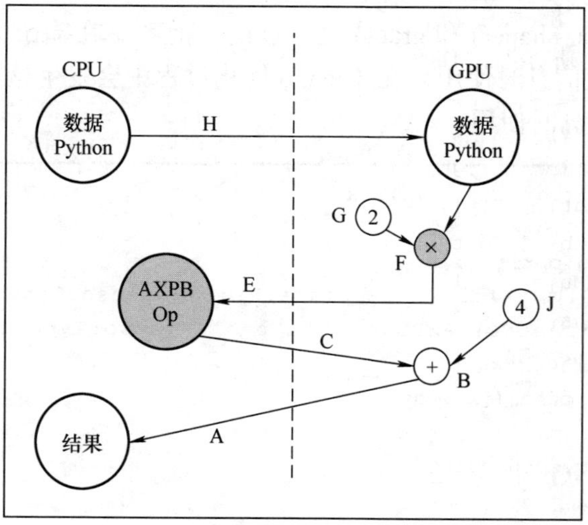

为避免在图中传输效率较低，在 Python 下创建一个 GPU 的相同运算符。

为此，需要简单地修改运算符的 make_node() 方法和 perform() 方法，具体如下：

```
from theano.gpuarray.type import get_context

def make_node(self, x):
    x = as_gpuarray_variable(x, self.context_name)

    x_arg = pygpu.elemwise.arg('x', 'float32', read=True)
    c_arg = pygpu.elemwise.arg('c', 'float32', read=True, write=True)
    self.my_op = pygpu.elemwise.GpuElemwise(get_context(self.context_name), "c=" +str(self.
a)+"*x+"+str(self.b), [x_arg, c_arg], convert_f16=True)

    return Apply(self, [x], [x.type()])

def perform(self, node, inputs, output_storage):
    x = inputs[0]
    z = output_storage[0]
    z[0] = pygpu.empty(x.shape, dtype=x.dtype, context=get_context(self.context_name))
    self.my_op( x, z[0])
```

其他没有太大变化。

在 make_node() 方法中，as_tensor_variable() 替换为 as_gpuarray_variable()，这需要是 GPU 变量类型定义的一部分。get_context() 方法将所选择的设备上下文转换为 pygpu 库的 GPUContext。

在 perform() 方法中，在 GPU 上进行计算，在此要得益于包含在 GPU 上按元素执行的运算符的 pygpu 库以及**基础线性代数子程序（BLAS）**方法，如**矩阵乘法一般矩阵（GEMM）**和**向量乘法一般矩阵（GEMV）**的运算。

接下来，观察一下新运算符在 GPU 的较大图中是如何编译的：

```
HostFromGpu(gpuarray) [id A] ''   4
 |GpuElemwise{Add}[(0, 1)]<gpuarray> [id B] ''   3
   |GpuArrayConstant{[[ 4.]]} [id C]
   |GpuAXPBOp{a=4, b=5, context_name='dev0'} [id D] ''   2
     |GpuElemwise{Mul}[(0, 1)]<gpuarray> [id E] ''   1
       |GpuArrayConstant{[[ 2.]]} [id F]
       |GpuFromHost<dev0> [id G] ''   0
         |<TensorType(float32, matrix)> [id H]
```

为便于对比，在对 GPU 的运算符类名上增加了 Gpu 前缀，如 GpuAXPBOp。

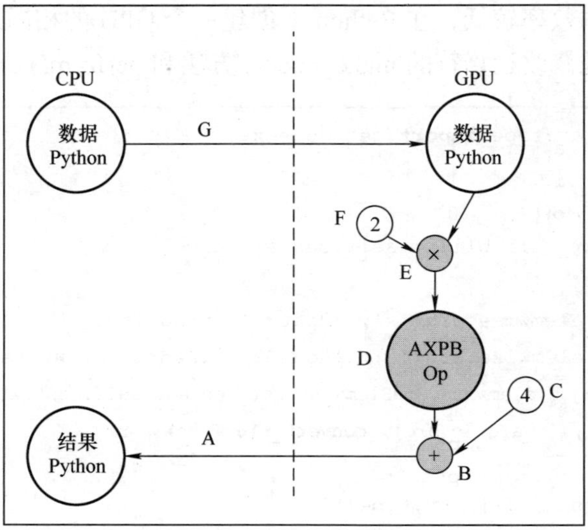


## 13.3 CPU 中 C 实现的 Theano 操作

在运算符的 Python 实现中，每次执行计算时都会增加明显的开销，也就是说，在执行图中运算符的每个实例时，这也会导致运行效率低下。在 Theano 的 C 语言实现中，Python 代码不能编译为图的其余部分，而且在 C 实现移植为 Python 和数据交换时会产生较大的开销。

为解决上述问题，可以直接编写一些 C 代码，这些代码将与图中其余部分的代码一起编译。

在 C 中直接实现一个运算符时，NumPy 是管理数组的底层库，这时 NumPy-API 扩展为 Python C-API。定义新的 C 运算符的 Python 类并没有实现 perform() 方法，而是返回到 C 代码，与 c_code()、c_support_code() 和 c_support_code_apply() 方法相结合：

```
def c_code_cache_version(self):
    return (6, 0)

def c_support_code(self):
    c_support_code = """
    bool same_shape(PyArrayObject* arr1, PyArrayObject* arr2)
    {
        if( PyArray_NDIM(arr1) != PyArray_NDIM(arr2)) {
            return false;
        }
        for(int i = 0; i < PyArray_NDIM(arr2) ; i++) {
            if (PyArray_DIMS(arr1)[0] == PyArray_DIMS(arr2)[0]) {
                return false;
            }
        }
        return true;
```

```
    }
    """

    return c_support_code
def c_support_code_apply(self, node, name):
    dtype_x = node.inputs[0].dtype
    dtype_z = node.outputs[0].dtype

    a = self.a
    b = self.b

    c_support_code = """
    void elemwise_op_%(name)s(npy_%(dtype_x)s* x_ptr, npy_intp* x_str, int itemsize_x,
        npy_%(dtype_z)s* z_ptr, npy_intp* z_str, int itemsize_z,
        int nbDims, npy_intp* dims)
    {
        npy_intp stride_x = (npy_intp)(1);
        npy_intp stride_z = (npy_intp)(1);
        for (int i = 0; i < nbDims; i ++) {
            stride_x = stride_x * x_str[i] / itemsize_x;
            stride_z = stride_z * z_str[i] / itemsize_z;
        }
        for (int i=0; i < dims[0]; i++)
            if (nbDims==1) {
              z_ptr[i * z_str[0]/itemsize_z] = x_ptr[i * x_str[0] / itemsize_x] *
((npy_%(dtype_z)s) %(a)s) + ((npy_%(dtype_z)s)%(b)s);
            } else {
             elemwise_op_%(name)s( x_ptr + i * stride_x , x_str + 1, itemsize_x,
                    z_ptr + i * stride_z , z_str + 1, itemsize_z,
                    nbDims - 1, dims + 1 );
            }
    }
    """

    return c_support_code % locals()

def c_code(self, node, name, inp, out, sub):
    x = inp[0]
    z = out[0]

    dtype_x = node.inputs[0].dtype
    dtype_z = node.outputs[0].dtype
    itemsize_x = numpy.dtype(dtype_x).itemsize
    itemsize_z = numpy.dtype(dtype_z).itemsize

    typenum_z = numpy.dtype(dtype_z).num

    fail = sub['fail']
```

```
    c_code = """
    // Validate that the output storage exists and has the same
    // dimension as x.
    if (NULL == %(z)s || !(same_shape(%(x)s, %(z)s)))
    {
        /* Reference received to invalid output variable.
        Decrease received reference's ref count and allocate new
        output variable */
        Py_XDECREF(%(z)s);
        %(z)s = (PyArrayObject*)PyArray_EMPTY(PyArray_NDIM(%(x)s),
                                    PyArray_DIMS(%(x)s),
                                    %(typenum_z)s,
                                    0);

        if (!%(z)s) {
            %(fail)s;
        }
    }

    // Perform the elemwise operation
    ((npy_%(dtype_z)s *)PyArray_DATA(%(z)s))[0] = 0;
     elemwise_op_%(name)s((npy_%(dtype_x)s*)PyArray_DATA(%(x)s), PyArray_
STRIDES(%(x)s), %(itemsize_x)s,
                            (npy_%(dtype_z)s*)PyArray_DATA(%(z)s), PyArray_
STRIDES(%(z)s), %(itemsize_z)s,
                        PyArray_NDIM(%(x)s), PyArray_DIMS(%(x)s) );

    """

    return c_code % locals()
```

现在，主要讨论一下不同部分：

在实现 c_code_cache_version() 时，Theano 将编译后的代码缓存以节省下次运算符并入图中的编译时间，但一旦修改 C 操作的代码，版本号必须递增。

c_support_code() 和 c_support_code_apply() 方法中的代码是位于 C 程序的全局范围中的。c_support_code_apply() 和 c_code() 方法中的代码必须具体指定图中操作的每个应用，特别是在本例情况下，这些代码取决于输入的类型。另外，由于 c_support_code_apply() 代码是在全局范围下，因此方法的名称位于操作名之后。

PyArray_NDIM，PyArray_DIMS，PyArray_STRIDES 和 PyArray_DATA 分别是针对 C 中的每个 NumPy 数组 PyArrayObject 访问数组维度大小、维度、数组步长和数据的宏。PyArray_EMPTY 等效于 C 中的 numpy.empty()Python 方法。

NumPy 的 PyArrayObject 类继承自 Python C-API 的 PyObject 类。Py_XDECREF 宏可使得在为新输出数组分配内存之前将参考计数减少到输出。在 Python C-API 中，NumPy

C-API 需要正确计数对象的参考值。Theano 不能保证输出数组已分配内存，也不能确保是否以正确形式分配内存。这就是为何在 c_code() 开始时进行测试的原因。

值得注意的是，数组可扩展，因为可以是一个数组（张量）的视图（或子张量），也可以实现创建视图或修改输入的操作。

还有一些其他方法可进一步用于 C 实现中：c_libraries() 和 c_lib_dirs() 可利用外部库，c_code_cleanup() 用于释放内存分配，c_init_code() 用于在初始化时执行某些代码。

最后，还可以在代码中引用某些 C 文件来减少 Python 类的运算量。在此，对于后面 3 种的具体情况不再详细介绍。

## 13.4 GPU 中 C 实现的 Theano 操作

正如所期望的，可以将两种优化相结合：

- 通过直接用 C 编程来减少 Python/C 的运算开销；
- 编写 GPU 代码。

要编写 GPU 的 CUDA 代码，在 GPU 的多核上并行运行的代码必须封装在一个称为**内核**的特殊函数类型中。

为此，_init_()、make_node() 和 c_code_cache_version() 方法与 GPU 中的 Python 示例一样，只是利用一个新的 gpu_kernels() 方法来定义新的 GPU 内核，而 c_code() 方法（再次替代 perform() 方法）用于实现 C 代码，也称为**主机代码**，作用是确定如何以及何时调用 GPU 上的不同内核：

```
def gpu_kernels(self, node, name):
    code = """
KERNEL void axpb(GLOBAL_MEM %(ctype)s *x, GLOBAL_MEM  %(ctype)s *z, ga_size n, ga_
size m) {
for (ga_size i = LID_0; i < n; i += LDIM_0) {
    for (ga_size j = LID_0; j < m; j += LDIM_0) {
        z[i*m + j] = %(write_a)s( 2 * x[i*m + j] );
    }
}
}""" % dict(ctype=pygpu.gpuarray.dtype_to_ctype(self.dtype),
        name=name, write_a=write_w(self.dtype))
    return [Kernel(
            code=code, name="axpb",
            params=[gpuarray.GpuArray, gpuarray.GpuArray, gpuarray.SIZE, gpuarray.SIZE],
            flags=Kernel.get_flags(self.dtype),
            objvar='k_axpb_' + name)]

def c_code(self, node, name, inp, out, sub):
    n, = inp
    z, = out
    dtype_n = node.inputs[0].dtype
    fail = sub['fail']
```

```
        ctx = sub['params']
        typecode = pygpu.gpuarray.dtype_to_typecode(self.dtype)
        sync = bool(config.gpuarray.sync)
        kname = self.gpu_kernels(node, name)[0].objvar
        s = """
        size_t dims[2] = {0, 0};
        size_t ls, gs;
        int err;
        dims[0] = %(n)s->ga.dimensions[0];
        dims[1] = %(n)s->ga.dimensions[1];
        Py_CLEAR(%(z)s);
        %(z)s = pygpu_zeros(2, dims,
                            %(typecode)s,
                            GA_C_ORDER,
                            %(ctx)s, Py_None);
        if (%(z)s == NULL) {
            %(fail)s
        }
        ls = 1;
        gs = 256;
         err = axpb_call(1, &gs, &ls, 0, %(n)s->ga.data, %(z)s->ga.data, dims[0],
    dims[1]);
        if (err != GA_NO_ERROR) {
            PyErr_Format(PyExc_RuntimeError,
                         "gpuarray error: kEye: %%s. n%%lu, m=%%lu.",
                         GpuKernel_error(&%(kname)s, err),
                         (unsigned long)dims[0], (unsigned long)dims[1]);
            %(fail)s;
        }
        if(%(sync)d)
            GpuArray_sync(&%(z)s->ga);
        """ % locals()

        return s
```

接下来，分析一下上述代码段。

新的 GPU 计算内核定义在 axpb 下，这是一个简单的 C 代码，具有特定的 GPU 类型和两个宏：KERNEL 用于指定内核函数（隐藏内核的 CUDA_global_declaration）；GLOBAL_MEM 用于定义全局变量，使之可以用于 GPU 和 GPU（与内核函数中的变量不同，在默认情况下，只能局部用于 GPU 核上执行的线程）。

注意，在此只实现了矩阵（即二维）输入的运算符，且 256 个线程将并行执行相同操作，而该操作可能分为不同的组并分配给不同的线程。

CPU 上运行的主机代码可管理 CPU 和 GPU 的内存，并启动内核，这是在 GPU 设备上执行的函数。

利用 pygpu_zeros() 方法为一个新的 GPU 数组分配内存，这是在利用 CUDA 直接在

GPU 内存中分配数组的 cudamalloc() 方法调用之后。运算符实例无需管理对输出分配内存的释放以及 GPU 和 CPU 之间的数据传输。这是因为 Theano 优化的作用已决定了何时插入转移运算符 HostFromGpu 和 GpuFromHost。

通过 axpb_call() 来调用 C 代码中的内核，即内核名称 +_call()。注意，在调用中需要 4 个并非在内核方法中定义的参数。这 4 个参数定义了 libgpuarray 如何执行或在核上如何部署内核函数。

为了更好地理解并行编程中 GPU 的执行配置，首先了解一下 GPU 的一些基本概念。一个 CUDA GPU 是由**流多处理器（SM）**组成，其中还包括在给定由规整大小、网格大小、块大小、每 SM 和每块最大线程个数、共享内存大小和局部内存大小以及寄存器最大个数决定的计算能力情况下的具体规范：

<table>
<tr><th rowspan="2">技术规范</th><th colspan="15">计算能力（版本）</th></tr>
<tr><th>1.0</th><th>1.1</th><th>1.2</th><th>1.3</th><th>2.x</th><th>3.0</th><th>3.2</th><th>3.5</th><th>3.7</th><th>5.0</th><th>5.2</th><th>5.3</th><th>6.0</th><th>6.1</th><th>6.2</th></tr>
<tr><td>线程块网格的最大维度</td><td colspan="4">2</td><td colspan="11">3</td></tr>
<tr><td>线程块网格的最大 x 维度</td><td colspan="5">65535</td><td colspan="10">$2^{31}-1$</td></tr>
<tr><td>线程块网格的最大 y 维度或 z 维度</td><td colspan="15">65535</td></tr>
<tr><td>线程块的最大维度</td><td colspan="15">3</td></tr>
<tr><td>块的最大 x 维度或 y 维度</td><td colspan="4">512</td><td colspan="11">1024</td></tr>
<tr><td>块的最大 z 维度</td><td colspan="15">64</td></tr>
<tr><td>每块的最大线程个数</td><td colspan="4">512</td><td colspan="11">1024</td></tr>
<tr><td>规整大小</td><td colspan="15">32</td></tr>
<tr><td>每个多处理器的最大驻留块数</td><td colspan="5">8</td><td colspan="4">16</td><td colspan="6">32</td></tr>
<tr><td>每个多处理器的最大驻留规整数</td><td colspan="2">24</td><td colspan="2">32</td><td>48</td><td colspan="10">64</td></tr>
<tr><td>每个多处理器的最大驻留线程数</td><td colspan="2">768</td><td colspan="2">1024</td><td>1536</td><td colspan="10">2048</td></tr>
<tr><td>每个多处理器的 32 位寄存器个数</td><td colspan="2">8 K</td><td colspan="2">16 K</td><td>32 K</td><td colspan="3">64 K</td><td>128 K</td><td colspan="6">64 K</td></tr>
<tr><td>每个线程块的 32 位寄存器最大个数</td><td colspan="4">N/A</td><td>32 K</td><td>64 K</td><td>32 K</td><td colspan="4">64 K</td><td>32 K</td><td colspan="2">64 K</td><td>32 K</td></tr>
<tr><td>每个线块的 32 位寄存器最大个数</td><td colspan="4">124</td><td colspan="2">63</td><td colspan="9">255</td></tr>
<tr><td>每个处理器的最大共享内存</td><td colspan="4">16 KB</td><td colspan="4">48 KB</td><td>112 KB</td><td>64 KB</td><td>96 KB</td><td colspan="2">64 KB</td><td>96 KB</td><td>64 KB</td></tr>
<tr><td>每个线程块的最大共享内存</td><td colspan="15">48 KB</td></tr>
<tr><td>共享内存条个数</td><td colspan="4">16</td><td colspan="11">32</td></tr>
<tr><td>每个线程的局部内存量</td><td colspan="4">16 KB</td><td colspan="11">512 KB</td></tr>
</table>

（来源：http://en.wikipedia.org/wiki/CUDA）

在执行过程中，多处理器以**单指令多数据（SIMD）**方式对称为规整的一组 32 个线程执行指令（见上表）。在并行执行时，需要将线程组织成尽可能接近底层体系结构的块形式。例如，对于矩阵的按元素操作，在 AXPB 操作中，是指每个线程都要对矩阵的每个元素执行操作。因此，对于一幅 224 × 224 图像的计算需要 50176 个线程。假设 GPU 有 8 个多处理器，且每个处理器有 1024 个核。在执行配置中，例如，可定义 256 个线程为一个块，则执行完整计算所需的块个数为 196。为简化并行程序的开发，可将这些块组织成一个多维网格（见上表，对于一个 2.0 版本的 CC，最多为 3 个维度），在图像输入情况下，通常采用 14 × 14 块的二维网格。当然取决于如何将线程组织成块以及如何将块组织成网格，但组织线程的最好方法是根据底层数据的维度，这是因为更容易分割数据并将其分配给不同的线程。

每个线程的执行都有相应的值来访问其在代码所用网格中的位置：

- gridDim.x、gridDim.y、gridDim.z 为线程块网格的维度；

- blockIdx.x、blockIdx.y、blockIdx.z 为网格中块的坐标；
- blockDim.x、blockDim.y、blockDim.z 为块的维度；
- threadIdx.x、threadIdx.y、threadIdx.z 为块中线程的坐标。

在本例中每个元素一个线程的按元素操作的 AXPBOp 情况下，线程可根据如下行标来读取数据元素：

```
int i = blockIdx.x*blockDim.x + threadIdx.x;
```

在部署过程中，首先，内核调用的 4 个参数分别对应于：

- 网格 / 块的维度，在本例中，对于图像 / 矩阵输入，维度为 2。
- 网格大小，本例中为 {14,14}。一旦定义每个块的线程个数（本例中为 256），则根据实际问题（在此，是矩阵大小）可确定每个网格的块个数。
- 块的大小，本例中为 {16,16}。通常设为 128 或 256，在此每个块中为 256 个线程。最好是选择规整大小的整数倍，这是因为是根据规整大小来执行的；如果设为 250，则 201 个块会运行有问题：每个块中都有一次规整没有实现完全并行的性能。也可以尝试 32 的不同倍数，并选择最有效的运行方式。
- 分配的动态共享内存大小，这是定义一个动态（在编译时共享内存大小未知）共享内存（利用 LOCAL_MEM 宏）所需的信息。共享内存指定了属于同一块的线程之间共享的内存大小。在计算能力为 2.x 和 3.x 的设备上，每个多处理器具有 64KB 的片上内存，其分区位于 L1 缓存和共享内存之间（16KB、32KB 或 48KB）。L1 缓存联合共享内存可由线程以尽可能少的缓存线在一次规整中访问。由于缓存，使得每个线程之间的定位误差对性能的影响可忽略不计。在交叉访问第二和第三维度时会产生效率低下的问题，在这种情况下，共享内存可允许从全局内存中以联合形式提取多维数组的二维 tile，并在整个共享内存中具有连续的线程步长。

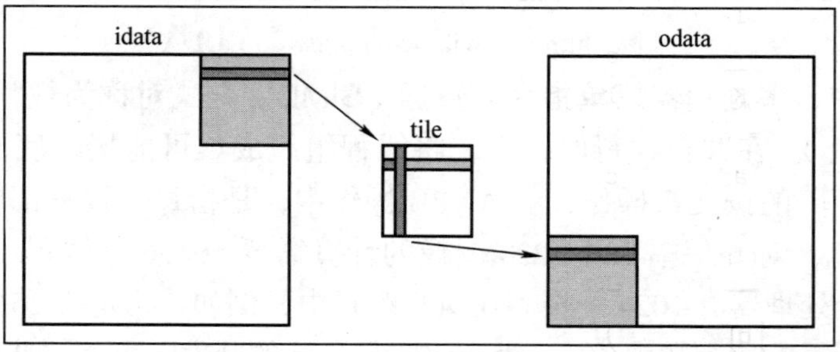


## 13.5 通过共享内存的合并转置，NVIDIA 并行

当数据维度不能被划分为块大小与网格大小的整数倍时，在边界处处理数据的线程将比其他线程执行得更快，且内核代码必须以检查越界内存访问的方式编写。

在并行编程时，存在竞争条件，共享内存中出现内存条冲突，以及不能在可用寄存器的本地线程中保留的数据都是一些难以检查的问题。全局内存联合访问是达到良好性能的关键所在。NVIDIA® Nsight™工具将有助于开发、调试和配置在 CPU 和 GPU 上执行的代码。

### 13.5.1 模型转换

在模型保存时，所得到的数据只是一个简单的数组列表，即权重向量（阈值）和矩阵（乘法）以及每层的名称。将模型从一种框架转换为另一种框架非常简单：包括加载一个数值数组并检查层名称。在此给出几个关于 C++ 编写的 Caffe 深度学习框架的转换示例：

- https://github.com/an-kumar/caffe-theano-conversion；
- https://github.com/kencoken/caffe-model-convert；
- https://github.com/piergiaj/caffe-to-theano。

若要在 Torch 深度学习框架（Lua 语言编写）和 Theano 之间转换变量，只需一个从 Lua 到 Python Numpy 的数据转换工具：

```
https://github.com/imodpasteur/lutorpy
```

若在 Thensorflow 和 Theano 之间进行模型转换，建议采用 Keras 库，该库不断保持更新，且能够在 Theano 或 Tensorflow 下训练模型。例如，要将一个模型从 Tensorflow 转换为 Theano，首先按照第 5 章所述在 Theano 下对 Keras 进行安装配置，然后加载 Tensorflow 权重，并修改层名称如下：

```
from keras import backend as K
from keras.utils.conv_utils import convert_kernel
from keras.models import Model

# build your Keras model HERE
# then
model.load_weights('my_weights_tensorflow.h5')
for layer in model.layers:
   if layer.__class__.__name__ in ['Convolution1D', 'Convolution2D']:
      original_w = K.get_value(layer.W)
      converted_w = convert_kernel(original_w)
      K.set_value(layer.W, converted_w)

model.save_weights('my_weights_theano.h5')
```

通过镜像操作序列可将模型从 Theano 转换到 Tensorflow。

在 Keras 中设计网络的另一个优点是可以利用 Google 云机器学习引擎在云中直接进行训练，并在用于机器学习的本地设计的另一种 GPU 中采用**张量处理单元（TPU）**来构建网络。

在此，以第 5 章基于双向 LSTM 的情感分析中的示例为例。

为了在云中训练模型，在 Goolge 控制台（https://console.cloud.google.com/iam-admin/projects）创建一个名为 DeepLearning Theano 的工程，并在该工程的 API 管理器中，采用机器学习引擎 API。根据 https://cloud.google.com/ml-engine/docs/quickstarts/command-line 中的说明来检查安装需求，如 Google 云 SDK 和项目配置。根据 gcloud init 命令，可重新初始化

SDK 配置，以切换到 DeepLearning Theano 工程。

然后上传数据到一个云中新建的 bucket，并给定所选择的区域（在此为 europe-west1）：

```
gsutil mb -l europe-west1 gs://keras_sentiment_analysis
gsutil cp -r sem_eval2103.train gs://keras_sentiment_analysis/sem_
eval2103.train
gsutil cp -r sem_eval2103.dev gs://keras_sentiment_analysis/sem_eval2103.
dev
gsutil cp -r sem_eval2103.test gs://keras_sentiment_analysis/sem_
eval2103.test
```

由于模型是在云中的一个实例上执行，因此需要：

- 修改 Python 脚本从远程 bucket 而不是本地目录来加载文件流，另外，是利用库函数 tensorflow.python.lib.io.file_io.FileIO(train_file, mode='r') 而不是标准方法 open(train_file, mode='r')，两种模式参数的用法相同，'r' 表示读取，'w' 表示写入。
- 定义 setup.py 文件来配置云实例环境所需的库：

```
from setuptools import setup, find_packages

setup(name='example5',
  version='0.1',
  packages=find_packages(),
  description='keras on gcloud ml-engine',
  install_requires=[
      'keras',
      'h5py',
      'nltk'
  ],
  zip_safe=False)
```

- 定义云部署配置文件 cloudml-gpu.yaml：

```
  trainingInput:
    scaleTier: CUSTOM
    # standard_gpu provides 1 GPU. Change to complex_model_m_gpu for 4 GPUs
    masterType: standard_gpu
    runtimeVersion: "1.0"
```

在上传给 Google 机器学习云之前，需检查本地训练过程是否正常，执行下列命令：

```
gcloud ml-engine local train --module-name 7-google-cloud.bilstm \
--package-path ./7-google-cloud -- --job-dir ./7-google-cloud \
-t sem_eval2103.train -d sem_eval2103.dev -v sem_eval2103.test
```

如果本地工作一切正常，则上传到云：

```
JOB_NAME="keras_sentiment_analysis_train_$(date +%Y%m%d_%H%M%S)"

gcloud ml-engine jobs submit training $JOB_NAME \
        --job-dir gs://keras_sentiment_analysis/$JOB_NAME \
        --runtime-version 1.0 \
        --module-name 7-google-cloud.bilstm  \
        --package-path ./7-google-cloud \
        --region europe-west1 \
        --config=7-google-cloud/cloudml-gpu.yaml \
        -- \
        -t gs://keras_sentiment_analysis/sem_eval2103.train \
        -d gs://keras_sentiment_analysis/sem_eval2103.dev \
        -v gs://keras_sentiment_analysis/sem_eval2103.test

gcloud ml-engine jobs describe $JOB_NAME
```

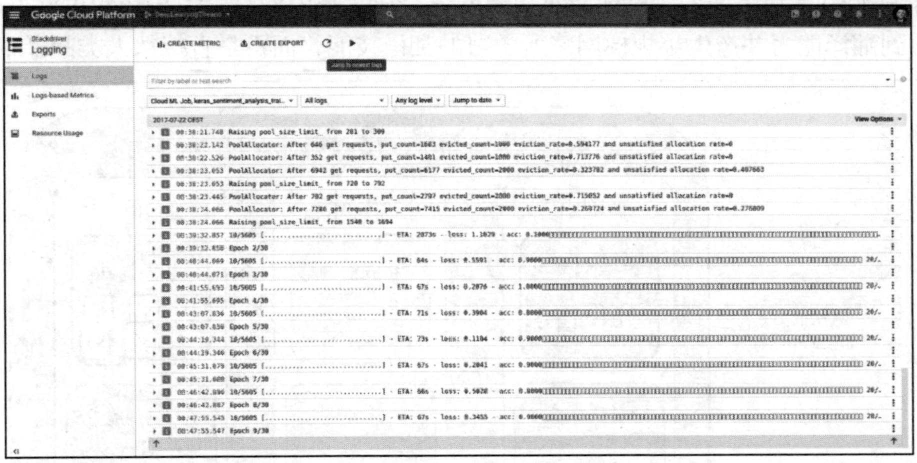


Google 机器学习云使用 Tensorflow 作为后台。

## 13.6 人工智能的未来发展

第 2 章 基于前馈神经网络的手写体数字分类中介绍了不同的优化技术（Adam、RMSProp 等），并提及了二阶优化技术。而泛化也可以用于学习更新规则：

$$\theta_{t+1} = \theta_t + g_t(\nabla f(\theta_t), \phi)$$

式中，$\phi$ 是优化器 $g_t$ 从不同问题实例中学习的参数，优化器中的泛化学习或迁移学习可从问题中学习，以更好地用于新问题。学习目标是在 learning to learn 或 meta-learning 框架下达到最小化，并优化学习时间，因此需在多个时间步长上定义：

$$\sum_{t=1}^{T} f(\theta_t(f, \phi))$$

$$\theta_{t+1}(f,\phi)=\theta_t(f,\phi)+g_t(\nabla f(\theta_t(f,\phi)),\phi)$$

RNN 可用作优化模型 $g_t$。这种解决多目标优化问题的泛化技术通常可提高神经网络的学习速率。

研究人员一直在努力寻找一种通用的人工智能技术，能够具有人类的学习能力来逐步提高自身能力和掌握新技能，利用其内在的和之前学习的技术来寻找新优化问题的解决方案。

一种**技能**可定义为一种智能工具来减少或限制搜索空间，并限制机器人在无限可能的世界中的行为。

构建一个**通用的人工智能**需要定义具有内在技能的智能架构，这将是程序设计人员在机器人中编程实现的，并有助于解决较小规模的子问题，以及定义所学习的新技能的顺序、人工智能学校的课程路线图。逐步学习是通过简单的技能不断学习，而指导学习则包括已具备技能并将其传授给其他的人工智能导师。

对于自然语言翻译任务，已证明小规模网络会比大规模网络学习更快和更好，而导师则是已学习到翻译能力并产生小规模网络所学习的翻译技能，而不是直接从人类翻译中学习。

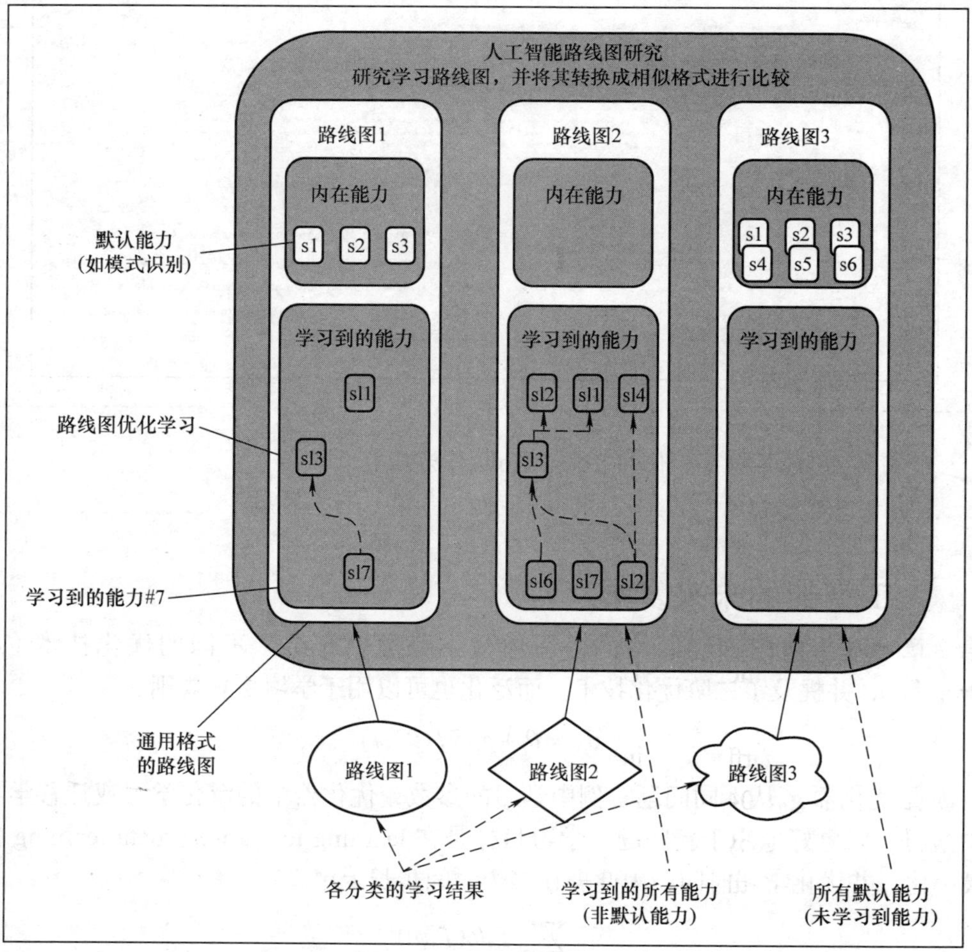

上图给出了 GoodAI Roadmap 研究所的人工智能学习评价路线图。

自我探索、与导师沟通以及积极和消极的反馈都是自主智能的发展方向，当前的深度学习网络为未来发展开辟了道路。

在为实现上述目标而努力的公司中，值得一提的是 GoodAI 以及 Amazon 公司的回波产品和底层语音控制辅助技术 Alexa，现已学习了 10000 多种技能，以提供生活帮助。Alexa 的知识非常广泛，以至于难以深入了解其局限性。开发人员的测试环境使之能够将这些技能应用于更高级别的智能工具中：

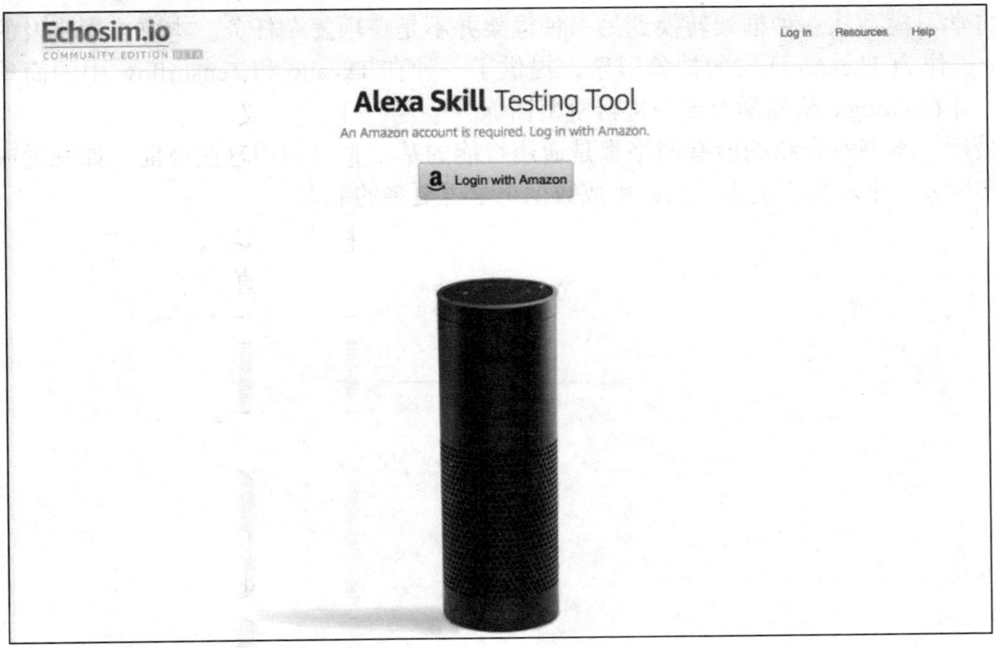


## 13.7 延伸阅读

若要更多地了解本章内容，可参阅下列文献：

- An Easy Introduction to CUDA C and C++, https://devblogs.nvidia.com/parallelforall/easy-introduction-cuda-c-and-c/
- How to Access Global Memory Efficiently in CUDA C/C++ Kernels, https://devblogs.nvidia.com/parallelforall/how-access-global-memoryefficiently-cuda-c-kernels/
- Using Shared Memory in CUDA C/C++, https://devblogs.nvidia.com/parallelforall/using-shared-memory-cuda-cc/
- Just another Tensorflow beginner guide (Part4 - Google Cloud ML + GUP + Keras), http://liufuyang.github.io/2017/04/02/just-another-tensorflowbeginner-guide-4.html
- Learning to learn by gradient descent by gradient descent, Marcin Andrychowicz, Misha Denil, Sergio Gomez, Matthew W. Hoffman, David Pfau, Tom Schaul, Brendan Shillingford, and Nando de Freitas, 2016

• A Framework for Searching for General Artificial Intelligence, Marek Rosa, and Jan Feyereisl, The GoodAI Collective, 2016

## 13.8 小结

本章总结概述了基于 Theano 的深度学习。

在此介绍了 Theano 在 CPU 和 GPU 的 Python 和 C 实现中的扩展应用，创建了计算图的新运算符。

将学习模型从一种框架转换到另一种框架并不是一项复杂任务。本书多次提及的高级库 Keras 作为 Theano 顶层的抽象引擎，提供了一种在 Theano 和 Tensorflow 中的简单工作方式，并在 Google 机器学习云中进行模型训练。

最后，本书所介绍的所有网络都是通用智能的基础，可利用这些技能，如视觉或语言理解和生成，来从真实世界数据或生成数据中学习更多的能力。